实例012　通过【打开项目】命令打开"书的魅力"
●视频位置：视频\第1章\实例012.mp4

实例014　通过【另存为】命令另存"婚纱广告"
●视频位置：视频\第1章\实例014.mp4

实例015　通过重新链接制作"粉色茶花"
●视频位置：视频\第1章\实例015.mp4

实例016　通过成批转换制作"山水美景"
●视频位置：视频\第1章\实例016.mp4

实例021　通过视频模版制作"霓虹闪耀"
●视频位置：视频\第2章\实例021.mp4

实例022　通过【开始】模版制作"视频片头"
●视频位置：视频\第2章\实例022.mp4

实例025　通过色彩模版制作"世博展览"
●视频位置：视频\第2章\实例025.mp4

实例026　通过对象模版制作"美丽风景"
●视频位置：视频\第2章\实例026.mp4

实例027　通过边框模版制作"温馨生活"
●视频位置：视频\第2章\实例027.mp4

实例028　通过Flash模版制作"树林景色"
●视频位置：视频\第2章\实例028.mp4

实例029　通过删除素材制作"视频模版"
●视频位置：视频\第2章\实例029.mp4

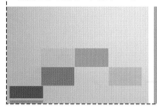

实例030　通过替换素材制作"沙漠公园"
●视频位置：视频\第2章\实例030.mp4

实例043　通过jpg照片素材制作"色彩"
●视频位置：视频\第3章\实例043.mp4

实例044　通过mpg视频素材制作"昆虫"
●视频位置：视频\第3章\实例044.mp4

实例045　通过swf动画素材制作"五彩焰火"
●视频位置：视频\第3章\实例045.mp4

实例046　通过mp3音频素材制作"蝴蝶飞舞"
●视频位置：视频\第3章\实例046.mp4

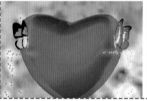

实例049　通过调整秩序制作"爱情邂逅"
●视频位置：视频\第4章\实例049.mp4

实例051　默认摇动缩放制作"甜蜜恋人"
●视频位置：视频\第4章\实例051.mp4

实例052　自定义摇动缩放制作"自由飞翔"
●视频位置：视频\第4章\实例052.mp4

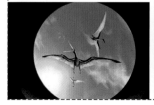

实例054　通过回放速度制作"海上交通"
●视频位置：视频\第4章\实例054.mp4

实例055　通过慢动作播放制作"落叶纷飞"
- 视频位置：视频\第4章\实例055.mp4

实例056　通过快动作播放制作"朵朵盛开"
- 视频位置：视频\第4章\实例056.mp4

实例057　通过分割素材制作"长寿是福"
- 视频位置：视频\第4章\实例057.mp4

实例058　通过反转视频制作"盛开的花"
- 视频位置：视频\第4章\实例058.mp4

实例059　通过色调功能制作"美丽景色"
- 视频位置：视频\第4章\实例059.mp4

实例060　通过亮度功能制作"湖中风景"
- 视频位置：视频\第4章\实例060.mp4

实例061　通过对比度功能制作"水果"
- 视频位置：视频\第4章\实例061.mp4

实例062　通过饱和度功能制作"植物"
- 视频位置：视频\第4章\实例062.mp4

实例063　通过Gamma功能制作"红色玫瑰"
- 视频位置：视频\第4章\实例063.mp4

实例065　通过荧光功能制作"花瓣雨"
- 视频位置：视频\第4章\实例065.mp4

实例066　通过日光功能制作"心形"
- ●视频位置：视频\第4章\实例066.mp4

实例067　通过阴暗功能制作"茶具"
- ●视频位置：视频\第4章\实例067.mp4

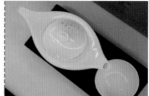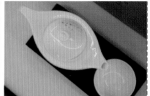

实例068　通过按钮剪辑"花朵"
- ●视频位置：视频\第5章\实例068.mp4

实例069　通过黄色标记剪辑"美食美色"
- ●视频位置：视频\第5章\实例069.mp4

实例070　通过修整栏剪辑"家居"
- ●视频位置：视频\第5章\实例070.mp4

实例071　通过时间轴剪辑"兔子"
- ●视频位置：视频\第5章\实例071.mp4

实例072　通过场景扫描"夕阳西下"
- ●视频位置：视频\第5章\实例072.mp4

实例073　通过场景分割"可爱猫咪"
- ●视频位置：视频\第5章\实例073.mp4

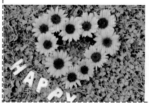

实例074　通过场景保存"海滩风景"
- ●视频位置：视频\第5章\实例074.mp4

实例075　通过多重修整剪辑"烈焰玫瑰"
- ●视频位置：视频\第5章\实例075.mp4

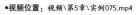

实例076 通过多重修整删除"云涌"
●视频位置：视频\第5章\实例076.mp4

实例078 通过剪辑合成"单车女孩"
●视频位置：视频\第5章\实例078.mp4

实例080 通过运动功能制作"帆船航行"
●视频位置：视频\第5章\实例080.mp4

实例083 通过变形快速解决"视频水印"
●视频位置：视频\第5章\实例083.mp4

实例084 通过滤镜遮盖视频"Logo标志"
●视频位置：视频\第5章\实例084.mp4

实例085 通过自动添加转场制作"字母"
●视频位置：视频\第6章\实例085.mp4

实例086 通过手动添加转场制作"户外广告"
●视频位置：视频\第6章\实例086.mp4

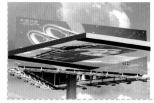

实例087 通过应用当前效果制作"爱心"
●视频位置：视频\第6章\实例087.mp4

实例088 通过应用随机效果制作"电影画面"
●视频位置：视频\第6章\实例088.mp4

实例089 通过替换转场效果制作"迷人风景"
●视频位置：视频\第6章\实例089.mp4

实例090　通过设置转场边框制作"大海"
●视频位置：视频\第6章\实例090.mp4

实例091　通过交错淡化制作"向日葵"
●视频位置：视频\第6章\实例091.mp4

实例092　通过剥落拉链制作"创意"
●视频位置：视频\第6章\实例092.mp4

实例093　通过三维开门制作"精美饰品"
●视频位置：视频\第6章\实例093.mp4

实例094　通过百叶窗制作"色彩"
●视频位置：视频\第6章\实例094.mp4

实例095　通过漂亮闪光制作"绿色盆栽"
●视频位置：视频\第6章\实例095.mp4

实例096　通过遮罩效果制作"汽车广告"
●视频位置：视频\第6章\实例096.mp4

实例097　通过多条彩带制作"高级跑车"
●视频位置：视频\第6章\实例097.mp4

实例098　通过3D自动翻页制作"郎才女貌"
●视频位置：视频\第6章\实例098.mp4

实例099　通过视频立体感运动制作"音乐频道"
●视频位置：视频\第6章\实例099.mp4

实例100　通过添加覆叠素材制作"爱情誓言"
- 视频位置：视频\第7章\实例100.mp4

实例101　通过调整覆叠大小制作"万众瞩目"
- 视频位置：视频\第7章\实例101.mp4

实例102　通过调整覆叠边框制作"天长地久"
- 视频位置：视频\第7章\实例102.mp4

实例104　通过设置覆叠透明度制作"真爱永恒"
- 视频位置：视频\第7章\实例104.mp4

实例106　通过添加路径制作"仰望远方"
- 视频位置：视频\第7章\实例106.mp4

实例107　通过自定义路径制作"城市美景"
- 视频位置：视频\第7章\实例107.mp4

实例108　通过水流旋转效果制作"白衣女侠"
- 视频位置：视频\第7章\实例108.mp4

实例109　通过相框画面移动制作"耳机广告"
- 视频位置：视频\第7章\实例109.mp4

实例110　通过水面倒影效果制作"湖心孤舟"
- 视频位置：视频\第7章\实例110.mp4

实例111　通过电影胶片效果制作"演说比赛"
- 视频位置：视频\第7章\实例111.mp4

实例112　通过立体展示效果制作"俏丽女孩"
●视频位置：视频\第7章\实例112.mp4

实例113　通过多画面转动动画制作"雍容华贵"
●视频位置：视频\第7章\实例113.mp4

实例114　通过镜头推拉效果制作"一吻定情"
●视频位置：视频\第7章\实例114.mp4

实例115　通过涂鸦艺术特效制作"情人节快乐"
●视频位置：视频\第7章\实例115.mp4

实例116　通过移动图像效果制作"气质美女"
●视频位置：视频\第7章\实例116.mp4

实例117　通过单个滤镜制作"旋转"
●视频位置：视频\第8章\实例117.mp4

实例118　通过多个滤镜制作"湖边风景"
●视频位置：视频\第8章\实例118.mp4

实例119　通过删除滤镜制作"夏日"
●视频位置：视频\第8章\实例119.mp4

实例120　通过替换滤镜制作"饰品广告"
●视频位置：视频\第8章\实例120.mp4

实例121　通过滤镜预设制作"夕阳风景"
●视频位置：视频\第8章\实例121.mp4

实例122　通过光线扫描制作"豪华餐厅"
- 视频位置：视频\第8章\实例122.mp4

实例123　通过色彩偏移制作"柠檬水果"
- 视频位置：视频\第8章\实例123.mp4

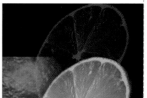

实例124　通过色彩平衡制作"金表广告"
- 视频位置：视频\第8章\实例124.mp4

实例125　通过气泡滤镜制作"流水效果"
- 视频位置：视频\第8章\实例125.mp4

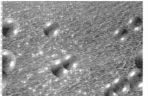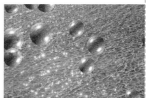

实例126　通过水彩画面制作"海底世界"
- 视频位置：视频\第8章\实例126.mp4

实例127　通过水波涟漪制作"守望木筏"
- 视频位置：视频\第8章\实例127.mp4

实例128　通过闪电滤镜制作"闪电惊雷"
- 视频位置：视频\第8章\实例128.mp4

实例129　通过鱼眼滤镜制作"云霄飞车"
- 视频位置：视频\第8章\实例129.mp4

实例131　通过发散光晕滤镜制作"公主王子"
- 视频位置：视频\第8章\实例131.mp4

实例132　通过云彩滤镜制作"蓝天云彩"
- 视频位置：视频\第8章\实例132.mp4

实例133　通过雨点滤镜制作"雪花纷飞"

●视频位置：视频\第8章\实例133.mp4

实例134　通过光芒照射制作"海岸风景"

●视频位置：视频\第8章\实例134.mp4

实例135　通过幻影动作制作"舒适座驾"

●视频位置：视频\第8章\实例135.mp4

实例136　通过老电影滤镜制作"民国情侣"

●视频位置：视频\第8章\实例136.mp4

实例137　通过局部马赛克滤镜制作"果汁"

●视频位置：视频\第8章\实例137.mp4

实例138　通过单个标题制作"冰凉夏日"

●视频位置：视频\第9章\实例138.mp4

实例139　通过多个标题制作"3D空间"

●视频位置：视频\第9章\实例139.mp4

实例140　通过字幕模版制作"儿童乐园"

●视频位置：视频\第9章\实例140.mp4

实例141　通过字幕区间制作"深情表白"

●视频位置：视频\第9章\实例141.mp4

实例142　通过路径导入"泰坦尼克号"

●视频位置：视频\第9章\实例142.mp4

实例143　通过超长字幕制作"最美梯田"
- 视频位置：视频\第9章\实例143.mp4

实例144　通过字幕模版制作"职员表"
- 视频位置：视频\第9章\实例144.mp4

实例145　通过镂空字幕制作"钻石永恒"
- 视频位置：视频\第9章\实例145.mp4

实例146　通过描边字幕制作"享受健康"
- 视频位置：视频\第9章\实例146.mp4

实例148　通过下垂字幕制作"彩色人生"
- 视频位置：视频\第9章\实例148.mp4

实例149　通过淡化动画制作"放飞梦想"
- 视频位置：视频\第9章\实例149.mp4

实例150　通过弹出动画制作"旅行记录"
- 视频位置：视频\第9章\实例150.mp4

实例151　通过翻转动画制作"创意空间"
- 视频位置：视频\第9章\实例151.mp4

实例152　通过下降动画制作"绿色出行"
- 视频位置：视频\第9章\实例152.mp4

实例153　通过扫光特效制作"水面如镜"
- 视频位置：视频\第9章\实例153.mp4

实例154　通过广告特效制作"金鱼电脑"
●视频位置：视频\第9章\实例154.mp4

实例155　通过音乐文件制作"圣诞快乐"
●视频位置：视频\第10章\实例155.mp4

实例157　通过音乐区间制作"自然"
●视频位置：视频\第10章\实例157.mp4

实例169　输出AVI视频文件
●视频位置：视频\第11章\实例169.mp4

实例175　设置输出声音的文件名
●视频位置：视频\第11章\实例175.mp4

实例182　添加影片素材
●视频位置：视频\第12章\实例182.mp4

第14章　处理吉他视频《同桌的你》
●视频位置：视频\第14章

第15章　制作旅游记录《西湖美景》
•视频位置：视频\第15章

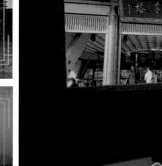

第16章　制作写真相册《时尚丽人》
•视频位置：视频\第16章

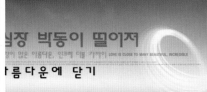

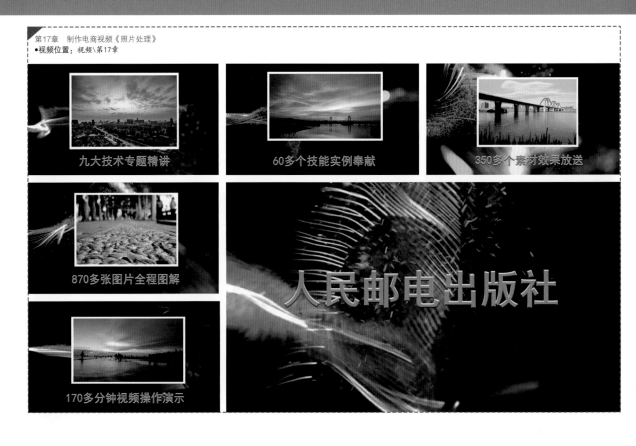

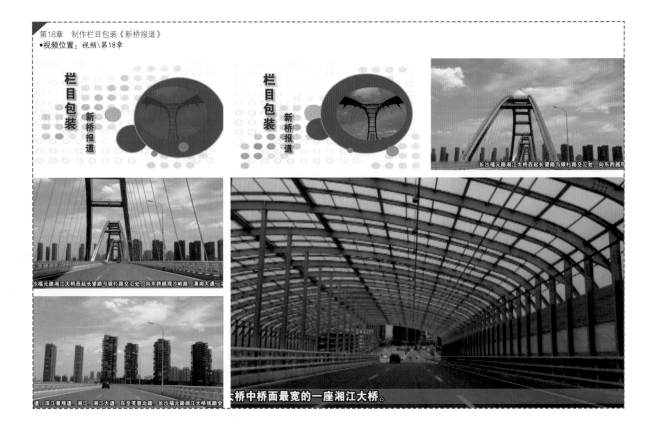

教 学 资 源 使 用 说 明

◎ **超值素材赠送1：80款片头片尾模版**

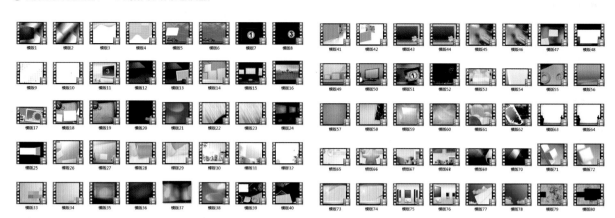

关于片头片尾视频的载入，请参阅"实例044　通过mpg视频素材制作'昆虫'"。

◎ **超值素材赠送2：110款儿童相册模版**

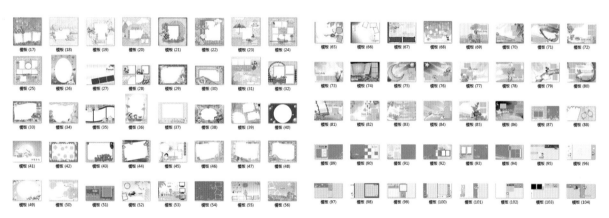

关于儿童相册模版的载入，请参阅"实例043　通过jpg照片素材制作'色彩'"。

◎ **超值素材赠送3：120款标题字幕特效**

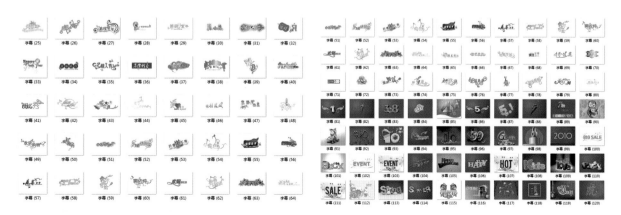

关于标题字幕特效的载入，请参阅"实例043　通过jpg照片素材制作'色彩'"。

◎ 超值素材赠送4：150款视频边框模版

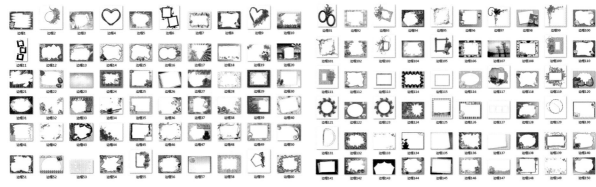

关于视频边框模版的载入，请参阅"实例100　通过添加覆叠素材制作'爱情誓言'"。

◎ 超值素材赠送5：210款婚纱影像模版

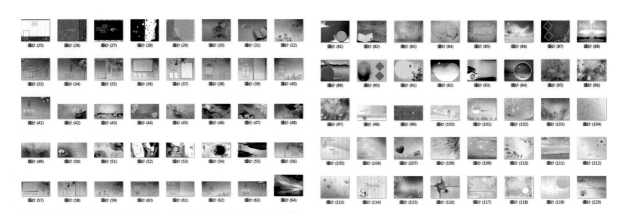

关于婚纱影像模版的载入，请参阅"实例043　通过jpg照片素材制作'色彩'"。

◎ 超值素材赠送6：350款画面遮罩图像

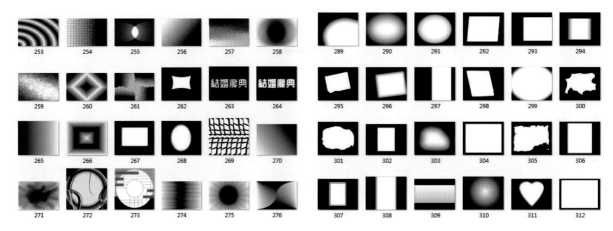

关于画面遮罩图像的载入，请参阅"实例109　通过相框画面移动制作'耳机广告'"。

会声会影X9
DV影片制作/编辑/刻盘
实战从入门到精通

楚飞 编著

人民邮电出版社

北 京

图书在版编目（CIP）数据

会声会影X9 DV影片制作/编辑/刻盘实战从入门到精
通 / 楚飞编著. -- 北京 ：人民邮电出版社，2017.4
ISBN 978-7-115-44570-4

Ⅰ. ①会… Ⅱ. ①楚… Ⅲ. ①视频编辑软件 Ⅳ.
①TN94

中国版本图书馆CIP数据核字(2017)第007537号

内 容 提 要

本书精心设计了200个实例，循序渐进地讲解了使用会声会影 X9 软件制作影视作品时所需要掌握的知识点和操作技巧。

全书分为 5 篇共 18 章，分别为软件入门篇、捕获精修篇、特效制作篇、后期处理篇和案例精通篇，主要内容包括会声会影基本操作、运用海量媒体模版、素材的捕获与导入、素材的修整与校正、素材的精修与分割、制作视频转场特效、制作视频覆叠特效、制作视频滤镜特效、制作视频字幕特效、制作视频音乐特效、视频的渲染与输出、将视频刻录为光盘、网络上传与存储成品视频、处理吉他视频《同桌的你》、制作旅游记录《西湖美景》、制作写真相册《时尚丽人》、制作电商视频《照片处理》以及制作栏目包装《新桥报道》等，基本上涵盖了使用会声会影 X9 软件进行视频制作的各种应用。随书附赠教学资源，包含了书中 200 个案例的素材文件、效果文件、操作演示视频，以及大量超值资源。

本书采用"完全案例"的编写形式，兼具技术手册和应用技巧参考手册的特点，技术实用、讲解清晰，不仅可以作为影像设计初、中级读者的学习用书，也可以作为各类计算机培训中心、中职中专、高职高专等院校及相关专业的辅导教材。

◆ 编　著　楚　飞
　　责任编辑　张丹阳
　　责任印制　陈　犇

◆ 人民邮电出版社出版发行　　北京市丰台区成寿寺路 11 号
　　邮编　100164　　电子邮件　315@ptpress.com.cn
　　网址　http://www.ptpress.com.cn
　　三河市中晟雅豪印务有限公司印刷

◆ 开本：787×1092　1/16
　　印张：22.5　　　　　　　　彩插：8
　　字数：677 千字　　　　　　2017 年 4 月第 1 版
　　印数：1—2 800 册　　　　　2017 年 4 月河北第 1 次印刷

定价：49.80 元
读者服务热线：(010)81055410　印装质量热线：(010)81055316
反盗版热线：(010)81055315

前言

PREFACE

关于本系列图书

感谢您翻开本系列图书。在茫茫的书海中，或许您曾经为寻找一本技术全面、案例丰富的计算机图书而苦恼，或许您为担心自己是否能做出书中的案例效果而犹豫，或许您为了自己应该买一本入门教材而仔细挑选，或许您正在为自己进步太慢而缺少信心……

现在，我们就为您奉献一套优秀的学习用书——"从入门到精通"系列，它采用完全适合自学的"教程+案例"和"完全案例"两种形式编写，兼具技术手册和应用技巧参考手册的特点，随书附带的多媒体教学资源包含书中所有案例的视频教程、源文件和素材文件。希望通过本系列图书能够帮助您解决学习中的难题，提高技术水平，快速成为高手。

● 自学教程。书中设计了大量案例，由浅入深、从易到难，可以让读者在实战中循序渐进地学习到相应的软件知识和操作技巧，同时掌握相应的行业应用知识。

● 技术手册。书中的每一章都是一个专题，不仅可以让读者充分掌握该专题中提到的知识和技巧，而且举一反三，掌握实现同样效果的更多方法。

● 应用技巧参考手册。书中把许多大的案例化整为零，让读者在不知不觉中学习到专业应用案例的制作方法和流程；书中还设计了许多技巧提示，恰到好处地对读者进行点拨，到了一定程度后，读者就可以自己动手，自由发挥，制作出相应的专业案例效果。

● 老师讲解。每本书都附带了多媒体教学资源，每个案例都有详细的语音视频讲解，就像有一位专业的老师在身边一样，读者不仅可以通过本系列图书研究每一个操作细节，而且还可以通过多媒体教学学习到更多的技巧。

内容安排

全书分为5篇，共18章，分别讲解了会声会影基本操作、运用海量媒体模版、素材的捕获与导入、素材的修整与校正、素材的精修与分割、制作视频转场特效、制作视频覆叠特效、制作视频滤镜特效、制作视频字幕特效、制作视频音乐特效、视频的渲染与输出、将视频刻录为光盘、网络上传与存储成品视频、处理吉他视频《同桌的你》、制作旅游记录《西湖美景》、制作写真相册《时尚丽人》、制作电商视频《照片处理》以及制作栏目包装《新桥报道》等内容。

资源下载

随书附赠教学资源，包括书中所有案例的素材文件，效果文件和操作演示视频，读者扫描"资源下载"二维码即可获得下载方法。

特别提醒

本书采用会声会影X9软件编写,请用户一定要使用同版本软件。直接打开资源中的效果时,会弹出重新链接素材的提示,如音频、视频、图像素材,甚至提示丢失信息等,这是因为每个用户安装的会声会影X9及素材与效果文件的路径不一致,发生了改变,这属于正常现象,用户只需要将这些素材重新链接素材文件夹中的相应文件,即可将文件链接成功。

作者售后

本书由楚飞编著,参与编写的人员还有刘虹辰、胡杨等人,由于作者知识水平有限,书中难免有疏漏之处,恳请广大读者批评、指正,如果遇到问题,可以与我们联系,微信公众号:flhshy1(会声会影1号),电子邮箱feilongbook@163.com。

编者

2017年1月

目录

CONTENTS

第 **01** 章

会声会影基本操作

本章学习要点

通过程序安装会声会影X9

通过【控制面板】卸载会声会影X9

通过命令启动会声会影X9

通过【打开项目】命令打开"书的魅力"

通过【保存】命令保存"海边美景"

通过【另存为】命令另存"婚纱广告"

会声会影X9是Corel公司全新发布的一款视频编辑软件，它主要面向非专业用户，操作十分便捷，一直深受广大数码爱好者的青睐。本章主要向读者介绍会声会影X9的新增功能、工作界面以及软件基本操作等内容，希望读者熟练掌握。

本章主要介绍会声会影X9的基本操作，包括项目文件、素材文件等的基本操作。

1.1 掌握会声会影X9新增功能

会声会影X9在会声会影X8的基础上新增和增强了许多功能，如全新的多相机编辑器、全新的添加/删除轨道功能、全新的多点运动追踪功能及全新的等量化音频滤镜等。本节主要向读者简单介绍会声会影X9的新增功能。

实例 001 多相机编辑器

多相机编辑器是会声会影X9中最实用的视频剪辑功能，它提供了4个剪辑视频的相机窗口，可以将用户从不同角度、不同相机中拍摄的多个视频画面剪辑出来，合成为一段视频。通过简单的多相机编辑器界面，可以对多个视频素材进行实时动态编辑，可以从一个视频画面切换至另一个视频画面，使用户可以从不同的场景中截取需要的视频部分。

在菜单栏中，单击【工具】|【多相机编辑器】命令，即可打开多相机编辑器窗口，在下方的相机轨道中，用户最多可以添加4段不同的视频素材，通过在左上方不同的相机预览窗口中选择视频画面来对视频进行剪辑合成操作，如图1-1所示。

图1-1 多相机编辑器剪辑合成视频

提示

一般情况下，后期视频剪辑软件都带了多相机编辑器的功能，可以在软件界面中对多个视频画面进行实时剪辑操作。会声会影X9中的多相机编辑器功能与Adobe Premiere Pro、EDIUS中的多机位编辑模式的功能类似，都是对多个相机中的视频画面进行剪辑合成操作，剪辑的方法大同小异。

实例 002 添加/删除轨道

在以往的会声会影版本中，用户只能通过【轨道管理器】对话框对覆叠轨道进行添加和删除操作，而在会声会影X9中向用户提供了直接添加/删除轨道的功能。使用时方法很简单，用户直接在轨道图标上，单击鼠标右键，在弹出的快捷菜单中选择【插入轨上方】选项或【插入轨下方】选项，如图1-2所示，即可在时间轴视图中插入一条覆叠轨道，插入标题轨道的操作方法也是一样的。

如果用户不再需要某条覆叠轨道或标题轨道，此时可以在不需要的轨道图标上，单击鼠标右键，在弹出的快捷菜单中选择【删除轨】选项，如图1-3所示，即可在时间轴视图中删除不需要的轨道。

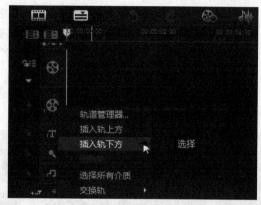
图1-2 选择【插入轨下方】选项

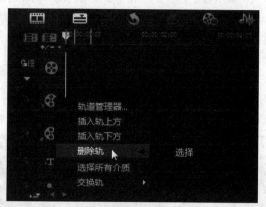
图1-3 选择【删除轨】选项

实例 003 多点运动追踪

在以往的会声会影版本中，当用户使用运动追踪功能处理视频画面时，只提供了【按点设置跟踪器】功能和【按区域设置跟踪器】功能来设定运动追踪的画面路径，这两种功能可以处理一般的视频画面追踪效果，如果用户需要在视频上自定义追踪画面的区域就不太方便了。而在会声会影X9中，新增了【设置多点跟踪器】功能，用户可以在视频画面上随意设定需要追踪的画面区域，在操作上更加灵活、方便。

在视频轨中，选择需要追踪的视频文件，单击【编辑】|【运动追踪】命令，即可打开【运动追踪】对话框，在右下方单击【设置多点跟踪器】按钮⊕，如图1-4所示，然后在左上方的预览窗口中通过拖曳4个红色控制点，来自定义追踪的画面，如图1-5所示。

图1-4 单击【设置多点跟踪器】按钮

图1-5 自定义跟踪的画面

当用户在人物视频画面上应用运动追踪功能时，单击【设置多点跟踪器】按钮，并设置追踪的区域，单击【运动追踪】按钮，此时当人物或对象离追踪的区域更近或更远时，画面会自动调整马赛克模糊的程度。

实例 004　等量化音频滤镜

等量化音频滤镜是会声会影X9中新增的功能，该滤镜可以对音频文件的音量进行均衡处理，无论声音的音量是高音还是低音，使用等量化音频滤镜后可以使整段音频的音量在一条平行线上，达到声音音量平衡的效果。

在声音轨中双击音频文件，在【音乐和声音】选项面板中，单击【音频滤镜】按钮，弹出【音频滤镜】对话框，在【可用滤镜】下拉列表框中选择【等量化】选项，如图1-6所示，单击【添加】按钮，即可将其添加至【已用滤镜】列表框中，如图1-7所示，单击【确定】按钮，即可在音频文件上应用【等量化】音频滤镜。

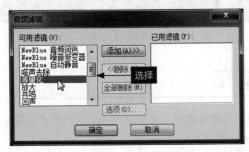
图1-6　选择【等量化】选项

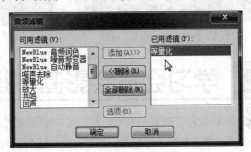
图1-7　添加至【已用滤镜】列表框中

实例 005　音频滤镜面板

在以往的会声会影版本中，如果用户需要添加音频滤镜，只能单击【音乐和声音】选项面板中的【音频滤镜】按钮，在弹出的【音频滤镜】对话框中添加相应的音频滤镜至音频文件上。而在会声会影X9中，用户可以直接在【滤镜】面板中选择需要的音频滤镜，该操作既方便又快捷。

在会声会影X9界面的右上方，单击【滤镜】按钮，切换至【滤镜】选项卡，在上方单击【显示音频滤镜】按钮，如图1-8所示，即可显示软件自带的多种音频滤镜，如图1-9所示。

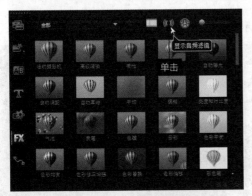
图1-8　单击【显示音频滤镜】按钮

图1-9　显示软件自带的多种音频滤镜

实例 006　音频微调功能

在会声会影X9中，通过增强的音频调节功能，用户可以对音频的调节级别、敏感度、起音以及衰减等参数进行微调设置，通过调节音频的参数，可以使音频在播放时与视频画面更加融合、流畅。

当用户在音乐轨中添加音频文件后，在音乐轨图标上，单击鼠标右键，在弹出的快捷菜单中选择【音频调节】选项，如图1-10所示，执行操作后，即可弹出【音频调节】对话框，在其中可以进行相关参数设置，如图1-11所示。

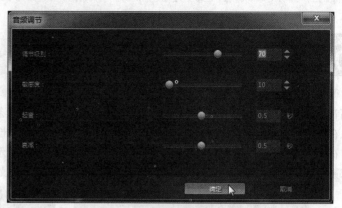

图1-10 选择【音频调节】选项　　　　　　　图1-11 【音频调节】对话框

1.2 学习会声会影基本操作

会声会影X9提供了完善的编辑功能，可以全面控制影片的制作过程，还可以为采集的视频添加各种素材、标题、转场效果、覆叠效果及音乐等。本节主要介绍会声会影X9的基本操作。

实例 007 通过程序安装会声会影X9

● 素　　材 | 无
● 效　　果 | 无
● 视　　频 | 视频\第1章\实例007.mp4

┨ 操作步骤 ┠

01 将会声会影X9安装程序复制至计算机中，进入安装文件夹，选择【Setup】安装文件，单击鼠标右键，在弹出的快捷菜单中选择【打开】选项，如图1-12所示。

02 即可启动会声会影X9安装程序，开始加载软件，并显示加载进度,如图1-13所示。

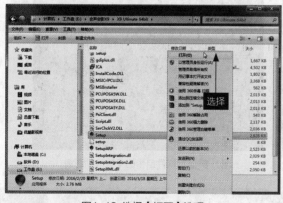

图1-12 选择【打开】选项　　　　　　　　图1-13 显示加载进度

03 稍等片刻，进入下一个页面，在其中选中【我接受许可协议中的条款】复选框，如图1-14所示。

04 单击【下一步】按钮，进入下一个页面，在其中输入软件序列号，如图1-15所示。

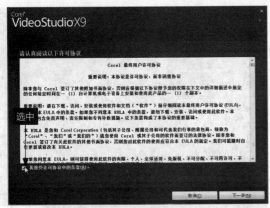

图1-14　其中选中相应复选框

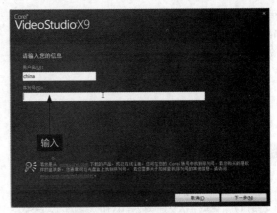

图1-15　其中输入软件序列号

提示

建议用户购买官方正版会声会影 X9 软件，在软件的包装盒上会显示软件的序列号，在图 1-15 中将序列号输入后，即可进行下一步操作。

05 输入完成后，单击【下一步】按钮，进入下一个页面，在其中单击【更改】按钮，如图1-16所示。

06 弹出【浏览文件夹】对话框，在其中选择软件安装的文件夹，如【Program Files】文件夹，如图1-17所示。

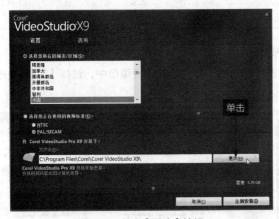

图1-16　单击【更改】按钮

图1-17　选择软件安装的文件夹

07 单击【确定】按钮，返回相应页面，在【文件夹】下方的文本框中显示了软件安装的位置，如图1-18所示。

08 确认无误后，单击【立刻安装】按钮，开始安装【Corel VideoStudio X9】软件，并显示安装进度，如图1-19所示。

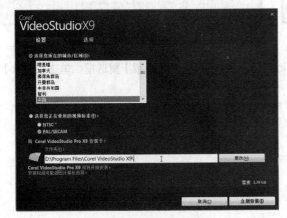

图1-18　显示软件安装位置

图1-19　显示安装进度

09 稍等片刻，待软件安装完成后，进入下一个页面，提示软件已经安装成功，单击【完成】按钮即可完成操作，如图1-20所示。

图1-20 单击【完成】按钮

> **提示**
>
> 建议用户从会声会影官方网站中购买正版软件进行安装和使用，如果用户从相关网站中购买了非法软件，可以进行投诉。下载非法软件或破解软件的危险在于此类软件往往包含病毒，可能损害用户的系统和网络。

实例 008 通过【控制面板】卸载会声会影X9

- **素　材** | 无
- **效　果** | 无
- **视　频** | 视频\第1章\实例008.mp4

操作步骤

01 单击【开始】|【控制面板】命令，打开【控制面板】界面，单击【程序和功能】按钮，如图1-21所示。

02 打开【程序和功能】界面，选择会声会影X9软件，单击鼠标右键，在弹出的快捷菜单中，选择【卸载/更改】选项，如图1-22所示。

图1-21 单击【程序和功能】按钮

图1-22 选择【卸载/更改】选项

03 在弹出的卸载窗口中，选中【清除Corel VideoStudio Pro X9中的所有个人设置】复选框，单击【删除】按钮，如图1-23所示。

04 开始卸载会声会影X9，并显示卸载进度，稍等片刻，待软件卸载完成后，提示软件已经卸载成功，如图1-24所示，单击【完成】按钮，即可完成操作。

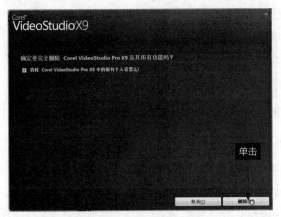
图1-23　单击【删除】按钮

图1-24　单击【完成】按钮

实例 009 通过命令启动会声会影X9

- ● 素　　材 | 无
- ● 效　　果 | 无
- ● 视　　频 | 视频\第1章\实例009.mp4

操作步骤

01 在桌面上的Corel VideoStudio X9快捷方式图标上单击鼠标右键，在弹出的快捷菜单中选择【打开】选项，如图1-25所示。

02 执行操作后，进入会声会影X9启动界面，如图1-26所示。

03 稍等片刻，弹出软件界面，进入会声会影X9工作界面，如图1-27所示。

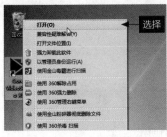
图1-25　选择【打开】选项

图1-26　进入启动界面

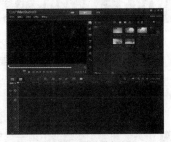
图1-27　进入编辑器

提示

除了可以使用上述方法启动会声会影外，还可以单击【开始】按钮，在弹出的菜单栏中单击【Corel VideoStudio X9】应用程序图标，即可启动软件。

实例 010 通过命令退出会声会影X9

- ● 素　　材 | 无
- ● 效　　果 | 无
- ● 视　　频 | 视频\第1章\实例010.mp4

操作步骤

01 进入会声会影编辑器，执行菜单栏中的【文件】|【退出】命令，如图1-28所示。

02 执行上述操作后，即可退出会声会影X9，如图1-29所示。

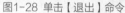

图1-28 单击【退出】命令

图1-29 退出会声会影X9

提示

在会声会影 X9 中完成视频的编辑后，若用户不再需要该程序，可以采用以下的方法退出程序，以保证计算机的运行速度不受影响。

● 单击应用程序窗口右上角的【关闭】按钮。

● 使用【Alt + F4】组合键。

若在退出程序之前没有对项目文件进行保存操作，则在单击【关闭】按钮后，系统会弹出一个信息提示框，提示用户是否保存该项目文件，如图1-30所示。若单击【是】按钮，即可保存并关闭文件；若单击【否】按钮，则不保存文件并进行关闭；若单击【取消】按钮，则取消关闭操作。

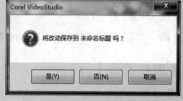

图1-30 信息提示框

实例 011 通过【新建项目】命令新建"白色蒲公英"

● 素　材│素材\第1章\SP-I01.jpg
● 效　果│效果\第1章\白色蒲公英.VSP
● 视　频│视频\第1章\实例011.mp4

操作步骤

01 进入会声会影编辑器，单击菜单栏中的【文件】│【新建项目】命令，如图1-31所示。

02 执行上述操作后，即可新建一个项目文件，单击【显示照片】按钮，显示软件自带的照片素材，如图1-32所示。

图1-31 单击【新建项目】命令

图1-32 显示软件自带的照片素材

03 在照片素材库中，选择【SP-I01】照片素材，单击鼠标左键并拖曳至视频轨中，如图1-33所示。

04 在预览窗口中即可预览图像效果，如图1-34所示。

图1-33 拖曳至视频轨中

图1-34 预览图像效果

提示

项目文件本身并不是影片，只有最后的【共享】步骤面板中经过渲染输出，才能将项目文件中的所有素材连接在一起，生成最终影片，在新建文件夹时，建议用户将文件夹指定到有较大剩余空间的磁盘中，这样可以为安装文件所在的磁盘保留更多的交换空间。

实例 012 通过【打开项目】命令打开"书的魅力"

● 素　材 | 素材\第1章\书的魅力.VSP
● 效　果 | 无
● 视　频 | 视频\第1章\实例012.mp4

操作步骤

01 进入会声会影编辑器，执行菜单栏中的【文件】|【打开项目】命令，如图1-35所示。

02 弹出【打开】对话框，选择需要打开的项目文件【书的魅力.VSP】，如图1-36所示。

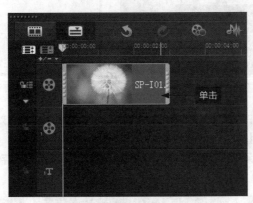

图1-35 单击【打开项目】命令

图1-36 选择项目文件

03 单击【打开】按钮，即可打开项目文件。单击导览面板中的【播放】按钮，预览视频效果，如图1-37所示。

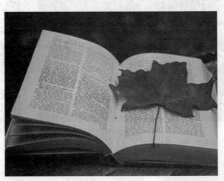

图1-37 预览视频效果

提示

用户在打开本书配套资源中的项目文件时，有时会弹出提示信息框，提示文件正在使用，用户需要将文件复制至计算机磁盘中，选择文件夹后，单击鼠标右键，在弹出的快捷菜单中选择【属性】选项，在弹出的相应对话框中，取消选中【只读】复选框，即可在会声会影中打开项目文件。

实例 013 通过【保存】命令保存"海边美景"

- **素　　材**｜素材\第1章\海边美景.jpg
- **效　　果**｜效果\第1章\海边美景.VSP
- **视　　频**｜视频\第1章\实例013.mp4

操作步骤

01 进入会声会影编辑器，执行菜单栏中的【文件】|【将媒体文件插入到时间轴】|【插入照片】命令，如图1-38所示。

02 弹出【浏览照片】对话框，选择需要的照片素材【海边美景.jpg】，如图1-39所示。

图1-38　单击【插入照片】命令　　　　　　图1-39　选择照片素材

03 单击【打开】按钮，即可在视频轨中添加照片素材。在预览窗口中预览照片效果，如图1-40所示。

04 完成上述操作后，执行菜单栏中的【文件】|【保存】命令，如图1-41所示。

05 弹出【另存为】对话框，设置文件保存的位置和名称，如图1-42所示。单击【保存】按钮，即可完成海边美景素材的保存。

图1-40　预览照片效果　　　　　图1-41　单击【保存】命令　　　　图1-42　设置保存的位置和名称

提示

在会声会影 X9 中，使用【Ctrl + S】组合键，也可以打开【另存为】对话框。在其中设置文件的保存路径及文件名称后，单击【保存】按钮，即可保存项目文件。

实例 014 通过【另存为】命令另存"婚纱广告"

- 素　　材 | 素材\第1章\婚纱广告.VSP
- 效　　果 | 效果\第1章\婚纱广告.VSP
- 视　　频 | 视频\第1章\实例014.mp4

操作步骤

01 执行菜单栏中的【文件】|【打开项目】命令，打开本书配套资源中的【素材\第1章\婚纱广告.VSP】项目文件，如图1-43所示。

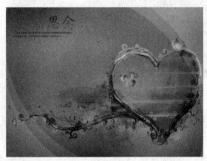

图1-43 打开项目文件

02 执行菜单栏中的【文件】|【另存为】命令，如图1-44所示。

03 弹出【另存为】对话框，设置文件保存的位置和名称，如图1-45所示。单击【保存】按钮，即可保存项目文件。

图1-44 单击【另存为】命令　　　　　　图1-45 设置保存的位置和名称

1.3 素材文件基本编辑

　　在会声会影X9中，用户可以根据需要对素材文件进行编辑，包括重新链接和成批转换等。本节主要介绍素材文件的基本操作方法。

实例 015 通过重新链接制作"粉色茶花"

- 素　　材 | 素材\第1章\粉色茶花.VSP
- 效　　果 | 效果\第1章\粉色茶花.VSP
- 视　　频 | 视频\第1章\实例015.mp4

▶ **操作步骤** ▶

01 执行菜单栏中的【文件】|【打开项目】命令，打开本书配套资源中的【素材\第1章\粉色茶花.VSP】项目文件，如图1-46所示。

图1-46 打开项目文件

02 在视频轨中选择【粉色茶花（1）.jpg】照片素材，单击鼠标右键，在弹出的快捷菜单中选择【打开文件夹】选项，如图1-47所示。

03 打开相应文件夹，对照片素材进行重命名，名称改为【粉色茶花（3）.jpg】，如图1-48所示。

图1-47 选择【打开文件夹】选项　　　　　　　　　图1-48 重命名照片素材

04 重命名完成后，返回会声会影编辑器，执行菜单栏中的【文件】|【重新链接】命令，如图1-49所示。

05 弹出【重新链接】对话框，提示照片素材不存在，单击【重新链接】按钮，如图1-50所示。

 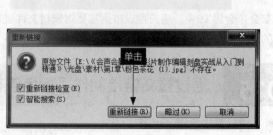

图1-49 单击【重新链接】命令　　　　　　　　　图1-50 单击【重新链接】按钮

06 弹出相应对话框，在其中选择重命名后的照片素材，如图1-51所示。

07 单击【打开】按钮，提示素材已经成功链接，完成照片素材的重新链接。在视频轨中查看该素材，如图1-52所示。

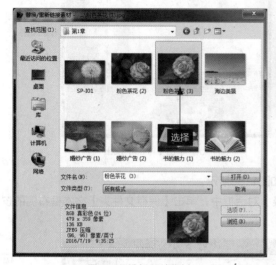

图1-51 选择照片素材

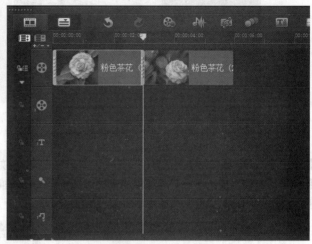

图1-52 查看照片素材

实例 016 通过成批转换制作"山水美景"

- ● **素　材**┃素材\第1章\山水美景.VSP
- ● **效　果**┃效果\第1章\山水美景.avi
- ● **视　频**┃视频\第1章\实例016.mp4

┃操作步骤┃

01 执行菜单栏中的【文件】|【打开项目】命令，打开本书配套资源中的【素材\第1章\山水美景.VSP】项目文件，如图1-53所示。

图1-53 打开项目文件

02 执行菜单栏中的【文件】|【成批转换】命令，如图1-54所示。

03 弹出【成批转换】对话框，单击【添加】按钮，如图1-55所示。

图1-54 单击【成批转换】命令　　　　　图1-55 单击【添加】按钮

04 弹出【打开视频文件】对话框，在其中选择需要的素材，如图1-56所示。

05 单击【打开】按钮，即可将选择的素材添加至【成批转换】对话框中，单击【保存文件夹】文本框右侧的按钮，如图1-57所示。

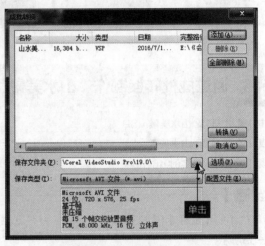

图1-56 选择素材　　　　　　　　　图1-57 单击相应按钮

06 弹出【浏览文件夹】对话框，在其中选择需要保存的文件夹，单击【确定】按钮，返回【成批转换】对话框，单击【转换】按钮，如图1-58所示。

07 完成上述操作，开始进行转换。转换完成后，弹出【任务报告】对话框，提示文件转换成功，如图1-59所示。单击【确定】按钮，即可完成成批转换的操作。

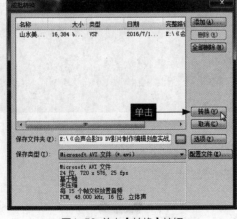

图1-58 单击【转换】按钮　　　　　　图1-59 提示转换成功

实 例
017　通过导出为模版制作"航拍城市"

- ● 素　　材│素材\第1章\航拍城市.VSP
- ● 效　　果│无
- ● 视　　频│视频\第1章\实例017.mp4

▌操作步骤▐

01 执行菜单栏中的【文件】|【打开项目】命令，打开本书配套资源中的【素材\第1章\航拍城市.VSP】项目文件，如图1-60所示。

02 执行菜单栏中的【文件】|【导出为模版】|【即时项目模版】命令，如图1-61所示。

图1-60 打开项目文件

图1-61 单击【导出为模版】命令

03 弹出提示对话框，提示是否保存当前项目文件，如图1-62所示。

04 单击【是】按钮，弹出【将项目导出为模版】对话框，单击【模版路径】文本框右侧的按钮，如图1-63所示。

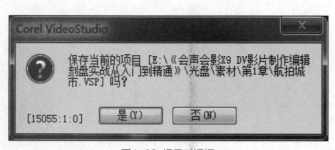

图1-62 提示对话框

图1-63 单击相应按钮

05 弹出【浏览文件夹】对话框，在其中选择需要保存的文件夹，单击【确定】按钮，如图1-64所示。

06 返回【将项目导出为模版】对话框，单击【确定】按钮，如图1-65所示。

图1-64 单击【确定】按钮

图1-65 单击【确定】按钮

07 弹出提示对话框，提示项目成功导出为模版，如图1-66所示。

08 单击【确定】按钮，即可完成导出为模版的操作。在【即时项目】的【自定义】模版中可以查看导出的模版，如图1-67所示。

图1-66 提示对话框

图1-67 查看导出的模版

第 **02** 章

运用海量媒体模版

会声会影X9提供了多种类型的媒体模版，如即时项目模版、图像模版、视频模版、边框模版及其他各种类型的模版等，运用这些媒体模版可以将大量生活和旅游中的静态照片或动态视频制作成动态影片。本章主要介绍媒体模版的运用方法。

2.1 下载与调用视频模版

在会声会影X9中，用户不仅可以使用软件自带的多种模版特效文件，还可以从其他渠道获取会声会影的模版，使用户制作的视频画面更加丰富多彩。本节主要向读者介绍下载与调用视频模版的操作方法。

实例 018 掌握下载模版的多种渠道

在会声会影X9中，如果用户需要获取外置的视频模版，主要有3种渠道：第一种是通过会声会影官方网站提供的视频模版进行下载和使用；第二种是通过会声会影界面中的"获取更多内容"功能进行下载和使用，第三种是通过会声会影论坛和相关博客链接，下载视频模版。下面分别对这3种方法进行讲解说明。

1. 通过会声会影官方网站下载视频模版

通过IE浏览器进入会声会影官方网站，可以免费下载和使用官方网站中提供的视频模版文件。下面介绍下载官方视频模版的操作方法。

● 素　材 | 无

● 效　果 | 无

● 视　频 | 视频\第2章\实例018.mp4

▎操作步骤 ▎

01 打开IE浏览器，进入会声会影官方网站，在上方单击【会声会影下载】标签，如图2-1所示。

02 进入【会声会影下载】页面，在其中用户可以下载会声会影软件和模版，在页面的右下方单击【会声会影海量素材下载】超链接，如图2-2所示。

03 执行操作后，打开相应页面，在页面上方位置单击【海量免费模版下载】超链接，如图2-3所示。

04 执行操作后，打开相应页面，在其中用户可以选择需要的模版进行下载，其中包括电子相册、片头片尾、企业宣传、婚庆模版、节日模版以及生日模版等，这里选择下方的【爱正当时电子相册模版分享】预览图，如图2-4所示。

图2-1 单击【会声会影下载】标签

图2-2 单击【会声会影海量素材下载】超链接

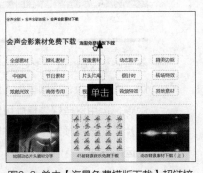

图2-3 单击【海量免费模版下载】超链接

图2-4 选择相应的模版预览图

> **提示**
>
> 在图 2-2 中，单击"会声会影模版下载推荐"超链接，也可以进入相应的模版下载页面，其中的模版是会声会影相关论坛用户分享整合的模版，单击相应的下载地址，也可以进行下载操作。

05 执行操作后，打开相应页面，在其中可以预览需要下载的模版画面效果，如图2-5所示。

06 滚动至页面的最下方，单击【模版下载地址】右侧的网站地址，如图2-6所示。

图2-5 预览模版画面效果

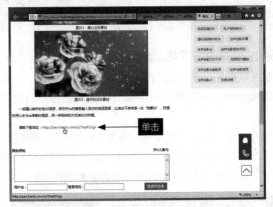

图2-6 单击模版网站地址

07 执行操作后，进入相应页面，单击上方的【下载】按钮，如图2-7所示。

08 弹出【文件下载】对话框，单击【普通下载】按钮，如图2-8所示，执行操作后，即可开始下载模版文件，待文件下载完成后，即可获取到需要的视频模版。

图2-7 单击【下载】按钮

图2-8 单击【普通下载】按钮

2. 通过【获取更多内容】下载视频模版

在会声会影X9工作界面中，单击右上方位置的【媒体】按钮，进入【媒体】素材库，单击上方的【获取更多内容】按钮，如图2-9所示，即可打开相应模版内容窗口，单击【立即注册】按钮，如图2-10所示，待用户注册成功后，即可显示多种可供下载的模版文件。

图2-9 单击【获取更多内容】按钮

图2-10 单击【立即注册】按钮

在会声会影 X9 界面的右上方，用户进入【即时项目】素材库或者【转场】素材库中，也可以单击上方的【获取更多内容】按钮，该按钮在相应素材库面板中都有显示。

3. 通过相关论坛下载视频模版

在互联网中，受欢迎的会声会影论坛和博客有许多，用户可以从这些论坛和博客的相关帖子中下载网友分享的视频模版，一般都是免费提供，不需要付任何费用。下面以DV视频编辑论坛为例，讲解下载视频模版的方法。

在IE浏览器中，打开DV视频编辑论坛的网页，在网页的上方单击【素材模版下载】标签，如图2-11所示。执行操作后，进入相应页面，在网页的中间显示了可供用户下载的多种会声会影模版文件，单击相应的模版超链接，如图2-12所示，在打开的网页中即可下载需要的视频模版。

图2-11 单击【素材模版下载】标签 　　　　　　　图2-12 单击相应的模版超链接

DV 视频剪辑论坛是国内注册会员量比较高的论坛网站，也是一个大型的非编软件网络社区论坛，如果用户在使用会声会影 X9 的过程中，遇到了难以解决的问题，也可以在该论坛中发布相应的论坛帖子，寻求其他网友的帮助。

实例 019 将模版调入会声会影使用

● 素　　材 | 无

● 效　　果 | 无

● 视　　频 | 视频\第2章\实例019.mp4

▌操作步骤 ▌

01 在界面的右上方单击【即时项目】按钮，进入【即时项目】素材库，单击上方的【导入一个项目模版】按钮，如图2-13所示。

02 执行操作后，弹出【选择一个项目模版】对话框，在其中选择用户之前下载的模版文件，一般为【*.vpt格式】，如图2-14所示。

03 单击【打开】按钮，将模版导入【即时项目】素材库中，可以预览缩略图，如图2-15所示。

04 在模版上单击鼠标左键并拖曳至视频轨中，即可应用即时项目模版，如图2-16所示。

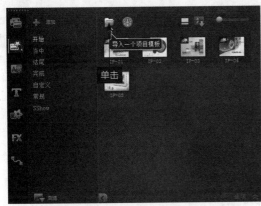

图2-13 单击【导入一个项目模版】按钮

图2-14 选择之前下载的模版

图2-15 预览模版缩略图

图2-16 应用即时项目模版

05 在会声会影X9中，用户也可以将自己制作好的会声会影项目导出为模版，分享给其他好友。方法很简单，只需在菜单栏中单击【文件】|【导出模版为】|【即时项目模版】命令，如图2-17所示，即可将项目导出为模版。

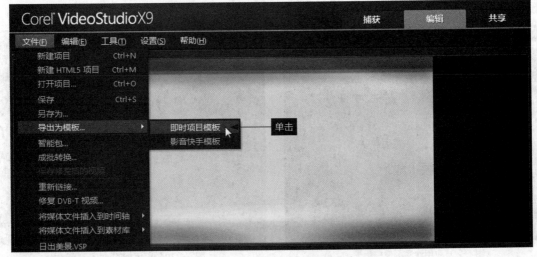

图2-17 单击【即时项目模版】命令

2.2 运用【媒体】素材库中的模版

在会声会影X9中，用户可以使用【媒体】素材库中的素材模版制作好看的视频特效，本节介绍应用【媒体】素材库中的模版的操作方法。

实 例
020

通过沙漠模版制作"枯木黄沙"

- 素　　材 | 素材\第2章\SP-I03.jpg
- 效　　果 | 效果\第2章\枯木黄沙.VSP
- 视　　频 | 视频\第2章\实例020.mp4

操作步骤

01 进入会声会影编辑器，单击【显示照片】按钮，如图2-18所示。

02 在【照片】素材库中，选择沙漠图像模版，如图2-19所示。

图2-18 单击【显示照片】按钮

图2-19 选择沙漠图像模版

03 在沙漠图像模版上，单击鼠标左键并拖曳至故事板中的适当位置后，释放鼠标左键，即可应用沙漠图像模版，如图2-20所示。

04 在预览窗口中，可以预览添加的沙漠模版效果，如图2-21所示。

图2-20 应用沙漠图像模版

图2-21 预览添加的沙漠模版效果

> **提示**
>
> 在【媒体】素材库中，当用户显示照片素材后，【显示照片】按钮将变为【隐藏照片】按钮，单击【隐藏照片】按钮，即可隐藏素材库中所有的照片素材，使素材库保持整洁。

实例 021　通过视频模版制作"霓虹闪耀"

● 素　　材 | 素材\第2章\SP-V04.wmv
● 效　　果 | 效果\第2章\霓虹闪耀.VSP
● 视　　频 | 视频\第2章\实例021.mp4

■ 操作步骤 ■

01 进入会声会影编辑器，单击【媒体】按钮，进入【媒体】素材库，单击【显示视频】按钮，如图2-22所示。

02 在【视频】素材库中，选择灯光视频模版，如图2-23所示。

图2-22　单击【显示视频】按钮　　　　　　　图2-23　选择灯光视频模版

03 在灯光视频模版上单击鼠标右键，在弹出的快捷菜单中选择【插入到】|【视频轨】选项，如图2-24所示。

04 执行操作后，即可将视频模版添加至时间轴面板的视频轨中，如图2-25所示。

图2-24　选择相应选项　　　　　　　　　图2-25　将视频模版添加至时间轴面板

05 在预览窗口中，可以预览添加的灯光视频模版效果，如图2-26所示。

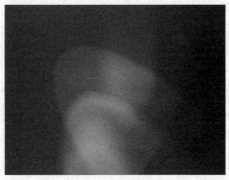

图2-26　预览添加的灯光视频模版效果

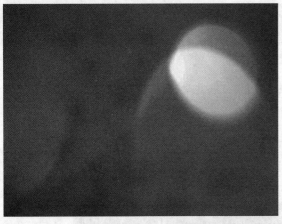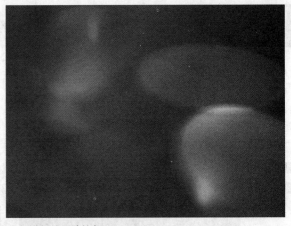

图2-26 预览添加的灯光视频模版效果（续）

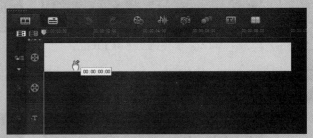

图2-27 选择【复制】选项　　　　　　　　图2-28 将鼠标移至视频轨中的开始位置

2.3　运用【即时项目】素材库中的模版

在会声会影X9中，即时项目不仅简化了手动编辑的步骤，还提供了多种类型的即时项目模版，用户可根据需要选择不同的即时项目模版。本节主要介绍运用即时项目的操作方法。

实例 022　通过【开始】模版制作"视频片头"

- **素　材 |** 无
- **效　果 |** 效果\第2章\视频片头.VSP
- **视　频 |** 视频\第2章\实例022.mp4

┃ 操作步骤 ┃

01 进入会声会影编辑器，在素材库的左侧单击【即时项目】按钮，如图2-29所示。

02 打开【即时项目】素材库，显示库导航面板，在面板中选择【开始】选项，如图2-30所示。

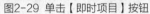

图2-29 单击【即时项目】按钮

图2-30 选择【开始】选项

03 进入【开始】素材库，在该素材库中选择相应的开始项目模版，如图2-31所示。

04 在项目模版上单击鼠标右键，在弹出的快捷菜单中选择【在开始处添加】选项，如图2-32所示。

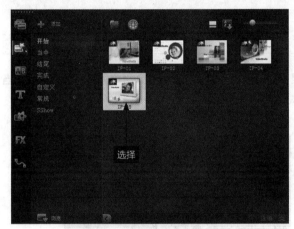

图2-31 选择相应的开始项目模版

图2-32 选择【在开始处添加】选项

05 执行上述操作后，即可将开始项目模版插入至视频轨中的开始位置，如图2-33所示。

图2-33 插入开始项目模版到时间轴面板

06 单击导览面板中的【播放】按钮，预览影视片头效果，如图2-34所示。

图2-34 预览影视片头效果

实例 023 通过【当中】向导制作"电子相册"

- 素　材 | 无
- 效　果 | 无
- 视　频 | 视频\第2章\实例023.mp4

操作步骤

01 进入会声会影编辑器，单击【即时项目】按钮，切换至【即时项目】选项卡，打开素材库导航面板，选择【当中】选项，如图2-35所示。

02 打开【当中】即时项目模版，在其中选择即时项目模版【IP-07】，如图2-36所示。

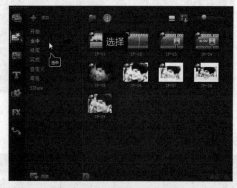

图2-35 选择【当中】选项　　　　　　图2-36 选择即时项目模版【IP-07】

03 单击鼠标左键并拖曳，至视频轨中的开始位置后释放鼠标，即可添加即时项目模版，如图2-37所示。

图2-37 添加即时项目模版【IP-07】

04 执行上述操作后，单击导览面板中的【播放】按钮，即可预览制作的【电子相册】模版效果，如图2-38所示。

图2-38 预览【电子相册】模版效果

实 例
024　**通过【结尾】向导制作"飘动相片"**

- 素　材 | 无
- 效　果 | 无
- 视　频 | 视频\第2章\实例024.mp4

┤操作步骤├

01 进入会声会影编辑器，单击【即时项目】按钮，切换至【即时项目】选项卡，打开素材库导航面板，选择【结尾】选项，如图2-39所示。

02 打开【结尾】即时项目模版，在其中选择即时项目模版【IP-04】，如图2-40所示。

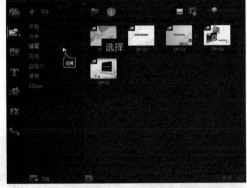

图2-39 选择【结尾】选项

图2-40 选择即时项目模版【IP-04】

03 单击鼠标左键并拖曳，至视频轨中的开始位置后释放鼠标，即可添加即时项目模版，如图2-41所示。

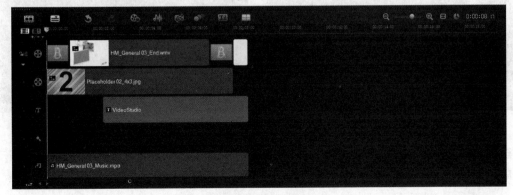

图2-41 添加即时项目模版

04 执行上述操作后，单击导览面板中的【播放】按钮，即可预览制作的【飘动相片】模版效果，如图2-42所示。

图2-42 预览【飘动相片】模版效果

2.4 运用【图形】素材库中的模版

　　在会声会影X9的【媒体】素材库中，向用户提供了多种视频模版，用户可以根据需要添加相应的视频模版至视频轨中。本节主要介绍运用视频模版的操作方法。

实例 025 通过色彩模版制作"世博展览"

- **素　　材** ｜ 素材\第2章\世博展览.VSP
- **效　　果** ｜ 效果\第2章\世博展览.VSP
- **视　　频** ｜ 视频\第2章\实例025.mp4

┨ 操作步骤 ┠

01 进入会声会影编辑器，单击【文件】|【打开项目】命令，打开一个项目文件，如图2-43所示。

02 在素材库的左侧，单击【图形】按钮，如图2-44所示。

图2-43 打开一个项目文件　　　　　　　　图2-44 单击【图形】按钮

03 切换至【图形】素材库，其中显示了多种颜色的色彩模版，在其中选择浅蓝色色彩模版，如图2-45所示。

04 单击鼠标左键并拖曳至视频轨中的适当位置，添加色彩模版，如图2-46所示。

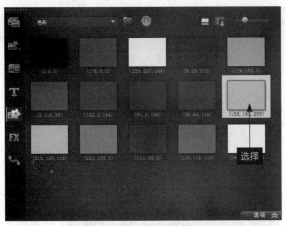

图2-45　选择浅蓝色色彩模版

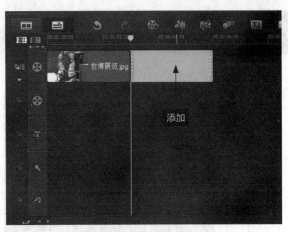

图2-46　添加色彩模版

05 在素材库左侧，单击【转场】按钮，进入【转场】素材库，在【过滤】特效组中选择【交叉淡化】转场效果，如图2-47所示。

06 将选择的转场效果拖曳至视频轨中的素材与色彩之间，添加【交叉淡化】转场效果，如图2-48所示。

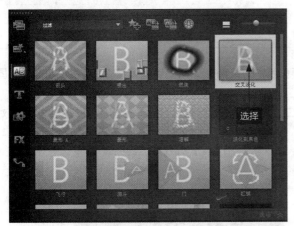

图2-47　选择【交叉淡化】转场效果

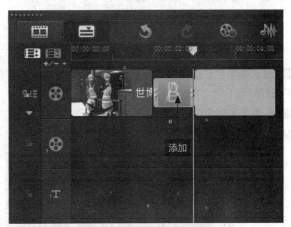

图2-48　添加【交叉淡化】转场效果

07 单击导览面板中的【播放】按钮，预览色彩效果，如图2-49所示。

图2-49　预览色彩效果

通过对象模版制作"美丽风景"

本实例效果如图2-50所示。

图2-50 通过对象模版制作"美丽风景"

- 素　材 | 素材\第2章\美丽风景.jpg
- 效　果 | 效果\第2章\美丽风景.VSP
- 视　频 | 视频\第2章\实例026.mp4

┃ 操作步骤 ┃

01 进入会声会影编辑器，在时间轴面板中插入本书配套资源中的【素材\第2章\美丽风景.jpg】素材图像，如图2-51所示。

02 单击【图形】按钮，切换至【图形】选项卡，单击窗口上方的【画廊】按钮，在弹出的下拉列表框中选择【对象】选项，如图2-52所示。

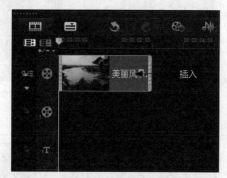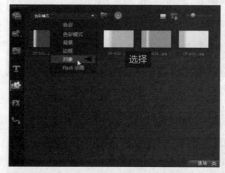

图2-51 插入相应素材　　　　　　　　图2-52 选择【对象】选项

03 打开【对象】素材库，其中显示了多种类型的对象模版，在列表框中选择对象模版【OB-14】，如图2-53所示。

04 单击鼠标左键并拖曳至覆叠轨中的适当位置，如图2-54所示。

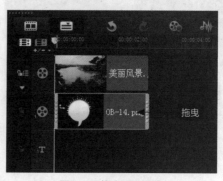

图2-53 选择对象模版【OB-14】　　　　　图2-54 拖曳至覆叠轨

05 在预览窗口中，拖曳对象四周的控制柄，调整对象素材的大小和位置，如图2-55所示。

06 在预览窗口中，可以预览对象模版的效果，如图2-56所示。

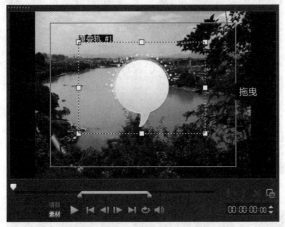 

图2-55 调整对象素材的大小和位置　　　　　　　　图2-56 预览对象模版的效果

实例 027　通过边框模版制作"温馨生活"

本实例效果如图2-57所示。

图2-57 通过边框模版制作"温馨生活"

- **素　　材** | 素材\第2章\温馨生活.jpg
- **效　　果** | 效果\第2章\温馨生活.VSP
- **视　　频** | 视频\第2章\实例028.mp4

操作步骤

01 进入会声会影编辑器，在时间轴面板中插入本书配套资源中的【素材\第2章\温馨生活.jpg】素材图像，如图2-58所示。

02 单击【图形】按钮，切换至【图形】选项卡，单击窗口上方的【画廊】按钮，在弹出的下拉列表框中选择【边框】选项，如图2-59所示。

03 打开【边框】素材库，其中显示了多种类型的边框模版，在列表框中选择边框模版【FR-C03】，如图2-60所示。

04 单击鼠标左键并拖曳至覆叠轨中的适当位置，如图2-61所示。执行上述操作后，即可在预览窗口中预览边框模版效果。

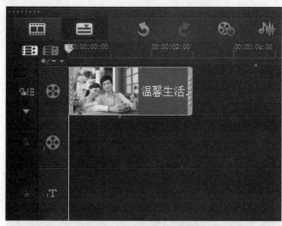

图2-58 插入素材图像

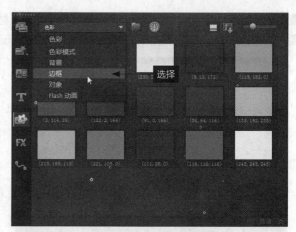

图2-59 选择【边框】选项

图2-60 选择边框模版【FR-C03】

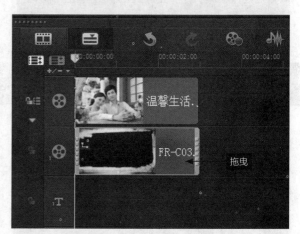

图2-61 拖曳【FR-C03】至覆叠轨中

实例 028 通过Flash模版制作"树林景色"

本实例效果如图2-62所示。

图2-62 通过Flash模版制作"树林景色"

- **素　　材** | 素材\第2章\树林景色.jpg
- **效　　果** | 效果\第2章\树林景色.VSP
- **视　　频** | 视频\第2章\实例028.mp4

操作步骤

01 进入会声会影编辑器，在时间轴面板中插入本书配套资源中的【素材\第2章\树林景色.jpg】素材图像，如图2-63所示。

02 单击【图形】按钮，切换至【图形】选项卡，单击窗口上方的【画廊】按钮，在弹出的下拉列表框中选择【Flash动画】选项，如图2-64所示。

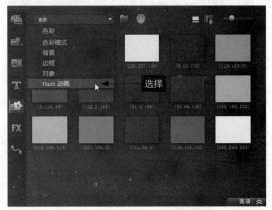

图2-63 插入素材图像　　　　　　　　　　图2-64 选择【Flash动画】选项

03 打开【Flash动画】素材库，其中显示了多种类型的Flash动画模版，在列表框中选择Flash动画模版【FL-F01】，如图2-65所示。

04 单击鼠标左键并拖曳至覆叠轨中的适当位置，如图2-66所示，并将素材调整至全屏大小。执行上述操作后，即可在预览窗口中预览Flash动画模版效果。

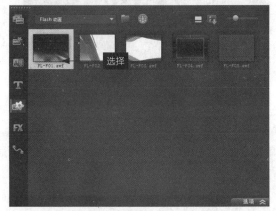

图2-65 选择Flash动画模版【FL-F01】　　　　图2-66 拖曳【FL-F01】至覆叠轨中

提示

在会声会影 X9 的【Flash 动画】素材库中，为图像添加 Flash 动画素材后，还可以根据需要调整动画素材的区间、大小和位置。

实例 029　通过删除素材制作"视频模版"

● 素　材｜素材\第2章\视频模版.VSP

● 效　果｜效果\第2章\视频模版.VSP

● 视　频｜视频\第2章\实例029.mp4

▌操作步骤 ▐

01 进入会声会影编辑器，打开一个项目文件，在时间轴面板的覆叠轨中，选择需要删除的覆叠素材，如图2-67所示。

02 在覆叠素材上单击鼠标右键，在弹出的快捷菜单中选择【删除】选项，如图2-68所示。

图2-67 选择需要删除的覆叠素材　　　　　　　　　图2-68 选择【删除】选项

03 用户也可以在菜单栏中，单击【编辑】|【删除】命令，如图2-69所示。

04 也可以快速删除覆叠轨中选择的素材文件，如图2-70所示。

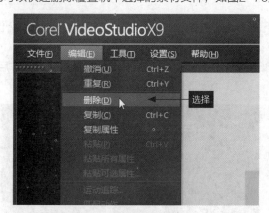

图2-69 单击【删除】命令　　　　　　　　　　　图2-70 删除选择的素材文件

05 在覆叠轨中删除模版中的素材文件后，在导览面板中单击"播放"按钮，即可预览删除素材后的视频画面效果，如图2-71所示。

图2-71 预览删除素材后的视频画面效果

> **提示**
>
> 在会声会影 X9 界面中，当用户删除模版中的相应素材文件后，可以将自己喜欢的素材文件添加至时间轴面板的覆叠轨中，制作视频的画中画效果。用户也可以使用相同的方法，删除标题轨和音乐轨中的素材文件。

实例 030 通过替换素材制作"沙漠公园"

- 素　　材 | 素材\第2章\沙漠公园.VSP、沙漠公园.jpg
- 效　　果 | 效果\第2章\沙漠公园.VSP
- 视　　频 | 视频\第2章\实例030.mp4

操作步骤

01 进入会声会影编辑器，单击【文件】|【打开项目】命令，打开一个项目文件，时间轴面板中显示了项目模版文件，如图2-72所示。

图2-72 打开一个项目文件

02 在导览面板中，单击【播放】按钮，预览现有的视频模版画面效果，如图2-73所示。

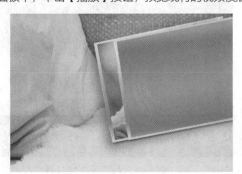

图2-73 预览视频模版画面效果

03 在覆叠轨中，选择需要替换的覆叠素材，如图2-74所示。

04 在覆叠素材上单击鼠标右键，在弹出的快捷菜单中选择【替换素材】|【照片】选项，如图2-75所示。

图2-74 选择需要替换的素材　　　　　　　　图2-75 选择【照片】选项

05 执行操作后，弹出【替换/重新链接素材】对话框，在其中选择用户需要替换的素材文件，如图2-76所示。

06 单击【打开】按钮，将模版中的素材替换为用户需要的素材，如图2-77所示。

图2-76 选择需要替换的素材   图2-77 替换后的素材画面

07 在预览窗口中，选择需要编辑的标题字幕，如图2-78所示。

08 对标题字幕的内容进行相应更改，在【编辑】选项面板中设置标题的字体属性，效果如图2-79所示。

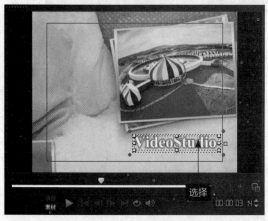

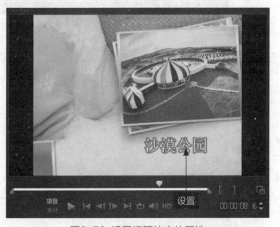

图2-78 选择需要编辑的标题字幕   图2-79 设置标题的字体属性

09 在导览面板中，单击【播放】按钮，预览用户替换素材后的视频画面效果，如图2-80所示。

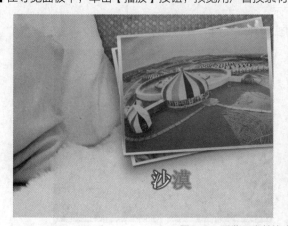

图2-80 预览用户替换素材后的视频画面效果

2.5 运用影音快手制作视频

　　影音快手模版是会声会影X9新增的功能，该功能非常适合新手，可以让新手快速、方便地制作出视频画面，还可以制作出非常专业的影视短片效果。本节主要向读者介绍运用影音快手模版套用素材制作视频画面的方法，希望读者熟练掌握本节内容。

实例 031 通过选择模版制作"高清影片"

- ● 素　　材┃无
- ● 效　　果┃无
- ● 视　　频┃视频\第2章\实例031.mp4

┃ 操作步骤 ┃

01 在会声会影X9编辑器中，在菜单栏中单击【工具】菜单下的【影音快手】命令，如图2-81所示。

02 执行操作后，即可进入影音快手工作界面，如图2-82所示。

图2-81 单击【影音快手】命令

图2-82 进入影音快手工作界面

03 在右侧的【所有主题】列表框中，选择一种视频主题样式，如图2-83所示。

04 在左侧的预览窗口下方，单击【播放】按钮，如图2-84所示。

图2-83 选择一种视频主题样式

图2-84 单击【播放】按钮

05 开始播放主题模版画面，预览模版效果，如图2-85所示。

图2-85 预览模版效果

实例 032 通过功能制作"视频每帧动画特效"

- 素　材 | 素材\第2章\水滴（1）.jpg~水滴（5）.jpg
- 效　果 | 无
- 视　频 | 视频\第2章\实例032.mp4

操作步骤

01 完成第一步的模版选择后，接下来单击第二步中的【添加媒体】按钮，如图2-86所示。

02 执行操作后，即可打开相应面板，单击右侧的【添加媒体】按钮，如图2-87所示。

图2-86 单击【添加媒体】按钮　　　　　图2-87 单击【添加媒体】按钮

03 执行操作后，弹出【添加媒体】对话框，在其中选择需要添加的媒体文件，如图2-88所示。

04 单击【打开】按钮，将媒体文件添加到【Cord影音快手】界面中，在右侧显示了新增的媒体文件，如图2-89所示。

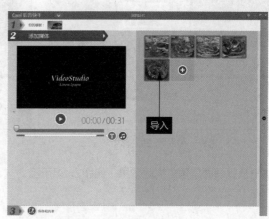

图2-88 选择需要添加的媒体文件　　　　图2-89 显示了新增的媒体文件

05 在左侧预览窗口下方，单击【播放】按钮，预览更换素材后的影片模版效果，如图2-90所示。

图2-90 预览更换素材后的影片模版效果

实 例 **033**	通过输出影视文件共享"影片"

● 素　　材｜无

● 效　　果｜效果\第2章\水滴视频.mpg

● 视　　频｜视频\第2章\实例033.mp4

┃ 操作步骤 ┃

01 当用户对第二步操作完成后，最后单击第三步中的【保存和共享】按钮，如图2-91所示。

02 执行操作后，打开相应面板，在右侧单击【MPEG-2】按钮，如图2-92所示，是指导出为MPEG视频格式。

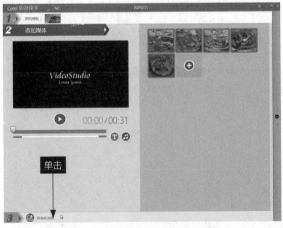

图2-91 单击【保存和共享】按钮　　　　　　　　图2-92 单击【MPEG-2】按钮

03 单击【文件位置】右侧的【浏览】按钮，弹出【另存为】对话框，在其中设置视频文件的输出位置与文件名称，如图2-93所示。

04 单击【保存】按钮，完成视频输出属性的设置，返回影音快手界面，在左侧单击【保存电影】按钮，如图2-94所示。

图2-93 设置保存选项

图2-94 单击【保存电影】按钮

05 执行操作后，开始输出渲染视频文件，并显示输出进度，如图2-95所示。

06 待视频输出完成后，将弹出提示信息框，提示用户影片已经输出成功，单击【确定】按钮，如图2-96所示，即可完成操作。

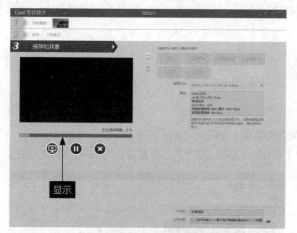

图2-95 显示输出进度

图2-96 单击【确定】按钮

第  章

素材的捕获与导入

通常，视频编辑的第一步就是捕获视频素材。所谓捕获视频素材就是从摄像机、电视机以及DVD机等视频源获取视频数据，然后通过视频捕获卡或者IEEE 1394卡接收和翻译数据，最后将视频信号保存至计算机的硬盘中。本章主要介绍素材的捕获与导入的方法。

3.1 从主流设备中捕获视频

随着智能设备的流行，目前很多用户都会使它们来拍摄视频素材或照片，当用户使用会声会影进行视频后期处理时，可以从安卓手机、苹果手机等设备中捕获视频素材。本节主要介绍安卓手机、苹果手机等设备中捕获视频的操作方法。

实例 034 将DV中的视频复制到计算机

▋操作步骤▋

01 用户使用数据线连接DV与计算机，会弹出一个对话框，如图3-1所示。

02 在弹出的对话框中，单击【浏览文件】，如图3-2所示。

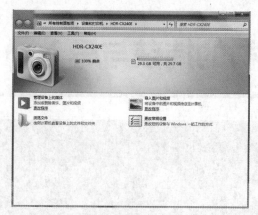

图3-1 弹出对话框　　　　　　　图3-2 单击【浏览文件】

03 单击【浏览文件】后，会弹出一个详细信息对话框，如图3-3所示。

04 依次打开DV移动磁盘中的相应文件夹，选择DV中拍摄的视频文件，如图3-4所示。

05 右键单击第3个视频，选择【复制】选项，即可以在计算机桌面预览，如图3-5所示。

图3-3 弹出一个详细信息对话框　　　图3-4 预览DV中的视频　　　图3-5 选择【复制】选项

实例 035 从计算机中插入视频

▋操作步骤▋

01 进入会声会影编辑器，在菜单栏中单击【文件】|【将媒体文件插入到时间轴】选择【插入视频】，如图3-6所示。

02 选择【插入视频】选项后，会弹出一个【打开视频文件】对话框，选择需要打开的视频文件，如图3-7所示。

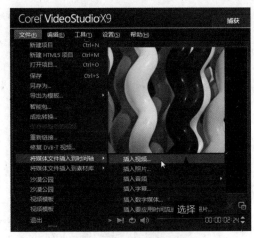

图3-6　选择【插入视频】

图3-7　弹出对话框

03 在预览窗口，单击【播放】按钮，即可预览效果，如图3-8所示。

图3-8　预览效果

实例 036　从安卓手机中捕获视频

┨ 操作步骤 ┠

01 在Windows 7的操作系统中，打开【计算机】窗口，在安卓手机的内存磁盘上单击鼠标右键，在弹出的快捷菜单中选择【打开】选项，如图3-9所示。

02 依次打开手机移动磁盘中的相应文件夹，选择安卓手机拍摄的视频文件，如图3-10所示。

图3-9　选择【打开】选项　　　　　图3-10　选择安卓手机拍摄的视频文件

03 在视频文件上单击鼠标右键，在弹出的快捷菜单中选择【复制】选项，复制视频文件，如图3-11所示。

04 进入【计算机】中的相应盘符，在合适位置上单击鼠标右键，在弹出的快捷菜单中选择【粘贴】选项，如图3-12所示。

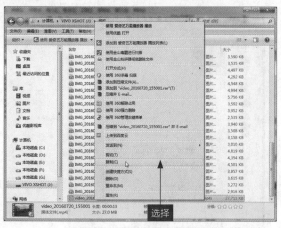

图3-11 选择【复制】选项

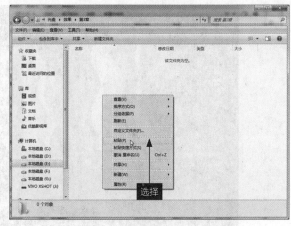

图3-12 选择【粘贴】选项

05 执行操作后，即可粘贴复制的视频文件，如图3-13所示。

06 单击将选择的视频文件拖曳至会声会影编辑器的视频轨中，即可应用安卓手机中的视频文件，如图3-14所示。

图3-13 粘贴复制的视频文件

图3-14 应用安卓手机中的视频文件

07 在导览面板中单击【播放】按钮，预览安卓手机中拍摄的视频画面，如图3-15所示，完成安卓手机中视频的捕获操作。

图3-15 预览安卓手机中拍摄的视频画面

提示

根据智能手机的类型和品牌不同，拍摄的视频格式也会不相同，但大多数拍摄的视频格式会声会影都会支持，都可以导入会声会影编辑器中应用。

实例 037 从苹果手机中捕获视频

操作步骤

01 打开【计算机】窗口，在Apple iPhone移动设备上单击鼠标右键，在弹出的快捷菜单中选择【打开】选项，如图3-16所示。

02 打开苹果移动设备，在其中选择苹果手机的内存文件夹，单击鼠标右键，在弹出的快捷菜单中选择【打开】选项，如图3-17所示。

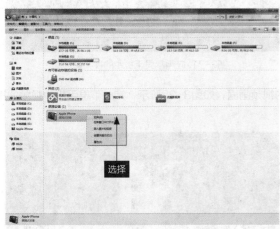

图3-16 选择【打开】选项

图3-17 选择【打开】选项

03 依次打开相应文件夹，选择苹果手机拍摄的视频文件，单击鼠标右键，在弹出的快捷菜单中选择【复制】选项，如图3-18所示。

04 进入【计算机】中的相应盘符，在合适位置上单击鼠标右键，在弹出的快捷菜单中选择【粘贴】选项，如图3-19所示。

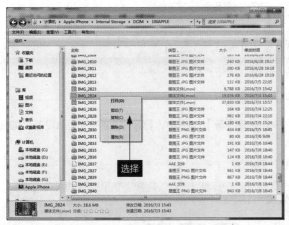

图3-18 选择【复制】选项

图3-19 选择【粘贴】选项

05 执行操作后，即可粘贴复制的视频文件，如图3-20所示。

06 将选择的视频文件拖曳至会声会影编辑器的视频轨中，即可应用苹果手机中的视频文件，如图3-21所示。

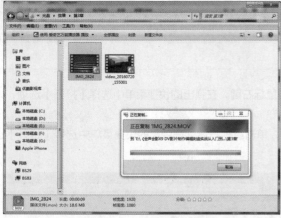

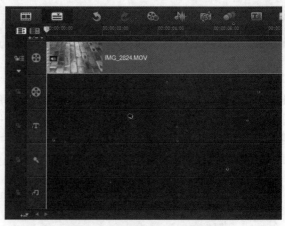

图3-20 粘贴复制的视频文件   图3-21 应用苹果手机中的视频文件

07 在导览面板中单击【播放】按钮，预览苹果手机中拍摄的视频画面，如图3-22所示，完成苹果手机中视频的捕获操作。

图3-22 预览苹果手机中拍摄的视频画面

实 例 038 从iPad中捕获视频

┤ 操作步骤 ├

01 用数据线将iPad与计算机连接，打开【计算机】窗口，在【便携设备】一栏中，显示了用户的iPad设备，如图3-23所示。

02 在iPad设备上双击鼠标左键，依次打开相应文件夹，如图3-24所示。

图3-23 显示了用户的iPad设备   图3-24 依次打开相应文件夹

03 在其中选择相应的视频文件，单击鼠标右键，在弹出的快捷菜单中选择【复制】选项，如图3-25所示。

04 进入【计算机】中的相应盘符，在合适位置上单击鼠标右键，在弹出的快捷菜单中选择【粘贴】选项，如图3-26所示。

图3-25　选择【复制】选项

图3-26　选择【粘贴】选项

05 执行操作后，即可粘贴复制的视频文件，如图3-27所示。

06 将选择的视频文件拖曳至会声会影编辑器的视频轨中，即可应用iPad中的视频文件，如图3-28所示。

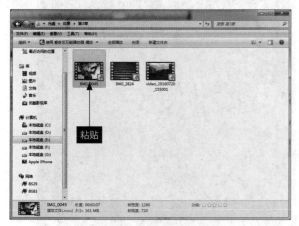

图3-27　粘贴复制的视频文件

图3-28　应用iPad中的视频文件

07 在导览面板中单击【播放】按钮，预览iPad中拍摄的视频画面，如图3-29所示，完成iPad平板电脑中视频的捕获操作。

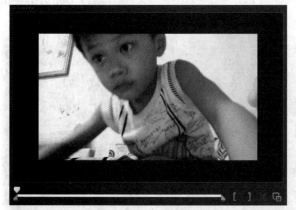

图3-29　预览iPad中拍摄的视频画面

3.2 从其他设备中捕获视频

在会声会影X9中，用户可以根据需要从其他外部设备中捕获视频素材，如光盘、摄像头以及高清摄像机等。本节主要介绍从其他设备捕获视频的操作方法。

实例 039	从光盘中捕获视频

┃操作步骤┃

01 将一张VCD或DVD光盘放入光盘驱动器中，进入会声会影X9编辑器，切换至【捕获】步骤选项面板，单击选项面板中的【从数字媒体导入】按钮，如图3-30所示。

02 弹出【选取"导入源文件夹"】对话框，选择指定的驱动器，如图3-31所示。

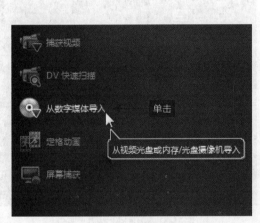

图3-30 单击【从数字媒体导入】按钮　　　　　　图3-31 指定驱动器

03 单击【确定】按钮，弹出【从数字媒体导入】对话框，在对话框中选择需要的光驱，如图3-32所示。

04 单击【起始】按钮，弹出【从数字媒体导入】对话框，在其中选择需要导入的视频文件，如图3-33所示，单击【开始导入】按钮，即可开始导入DVD光盘中的视频文件。

图3-32 选择需要的光驱　　　　　　图3-33 选择需要导入的视频文件

实例 040 通过摄像头捕获视频

| 操作步骤 |

01 将摄像头与计算机连接，并正确安装摄像头驱动程序，如图3-34所示。

02 启动会声会影X9，进入【捕获】步骤选项面板，然后单击选项面板上的【捕获视频】按钮，如图3-35所示。

图3-34 将摄像头与计算机连接

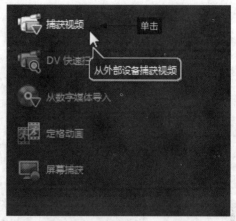

图3-35 单击【捕获视频】按钮

03 选项面板上即会显示会声会影找到的摄像头的名称，如图3-36所示。

图3-36 显示与计算机连接的摄像头名称

04 单击【格式】右侧的下三角按钮，从下拉列表框中选择捕获的视频文件的保存格式，如图3-37所示。

05 单击选项面板上的【捕获视频】按钮，开始捕获摄像头拍摄的视频。如果要停止捕获，则单击【停止捕获】按钮。捕获完成后，视频素材将被保存到素材库中。

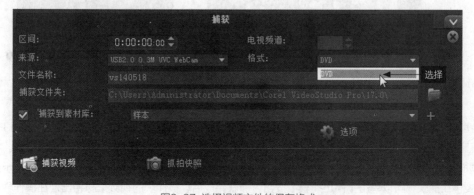

图3-37 选择视频文件的保存格式

实例 041 从高清摄像机中捕获视频

操作步骤

01 打开摄像机上的IEEE 1394接口端盖找到IEEE 1394接口，如图3-38所示。

02 将连接线的一端插入摄像机上的IEEE 1394接口，如图3-39所示，另一端插入计算机的IEEE 1394接口。

图3-38 摄像机上的IEEE 1394接口　　　　图3-39 通过IEEE 1394连接线连接HDV摄像机

03 打开HDV摄像机的电源并切换到【PLAY/EDIT】模式，如图3-40所示。

04 切换到会声会影编辑器，进入【捕获】步骤选项面板，单击【捕获视频】按钮，如图3-41所示。

图3-40 切换到【PLAY/EDIT】模式　　　　图3-41 单击【捕获视频】按钮

05 此时，会声会影能够自动检测到HDV摄像机，并在【来源】列表框中显示HDV摄像机的型号，如图3-42所示。

06 单击预览窗口下方的【播放】控制按钮，在预览窗口中找到需要捕获的起始位置，如图3-43所示。

07 单击选项面板上的【捕获视频】按钮，从暂停位置的下一帧开始捕获视频，同时在预览窗口中显示当前捕获的进度。如果要停止捕获，可以单击【停止捕获】按钮。捕获完成后，被捕获的视频素材将出现在操作界面下方的故事板上。

图3-42 显示HDV摄像机的型号

图3-43 找到需要捕获的起始位置

实例 042 从U盘中捕获视频

┨操作步骤┠

01 在时间轴面板上方，单击【录制/捕获选项】按钮，如图3-44所示。

图3-44 单击【录制/捕获选项】按钮

02 弹出【录制/捕获选项】对话框，单击【移动设备】图标，如图3-45所示。

03 弹出相应对话框，在其中选择U盘设备，然后选择U盘中的视频文件，如图3-46所示。

图3-45 单击【移动设备】图标

图3-46 U盘中的视频文件

04 单击【确定】按钮，弹出【导入设置】对话框，在其中选中【捕获到素材库】和【插入到时间轴】复选框，然后单击【确定】按钮，如图3-47所示。

05 执行上述操作后，即可捕获U盘中的视频文件，并插入时间轴面板的视频轨中，如图3-48所示。

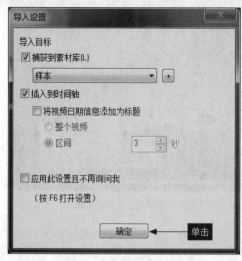

图3-47 单击【确定】按钮

图3-48 时间轴面板

06 在导览面板中单击【播放】按钮，预览捕获的视频画面效果，如图3-49所示。

图3-49 预览捕获的视频画面效果

3.3 导入各种媒体素材

在会声会影X9中，用户除了可捕获DV摄像机中的视频素材外，还可以根据需要来导入照片素材、视频素材和动画素材等。本节主要介绍导入各种媒体素材的操作方法。

实例 043 通过jpg照片素材制作"色彩"

本实例效果如图3-50所示。

图3-50 通过jpg照片素材制作"色彩"

- ● 素　　材 | 素材\第3章\色彩1.jpg、色彩2.jpg
- ● 效　　果 | 效果\第3章\色彩.VSP
- ● 视　　频 | 视频\第3章\实例043.mp4

┨ 操作步骤 ┠────────────────────────────────

01 进入会声会影编辑器，在时间轴面板中单击鼠标右键，在弹出的快捷菜单中选择【插入照片】选项，如图3-51所示。

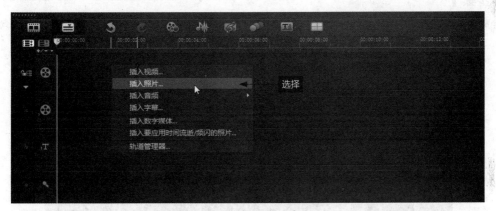

图3-51 选择【插入照片】选项

02 弹出【浏览照片】对话框，选择需要打开的照片素材，如图3-52所示。

03 单击【打开】按钮，即可将照片素材导入视频轨中，如图3-53所示。在预览窗口中，可以预览制作的视频效果。

图3-52 选择需要打开的照片文件　　　　　图3-53 导入照片素材

通过mpg视频素材制作"昆虫"

本实例效果如图3-54所示。

图3-54 通过mpg视频素材制作"昆虫"

- ● **素 材** | 素材\第3章\昆虫.mpg
- ● **效 果** | 效果\第3章\昆虫.VSP
- ● **视 频** | 视频\第3章\实例044.mp4

╠ 操作步骤 ╣

01 进入会声会影编辑器，在时间轴面板中单击鼠标右键，在弹出的快捷菜单中选择【插入视频】选项，如图3-55所示。

图3-55 选择【插入视频】选项

02 弹出【打开视频文件】对话框，选择需要打开的视频文件，如图3-56所示。

03 单击【打开】按钮，即可将视频素材导入视频轨中，如图3-57所示。单击导览面板中的【播放】按钮，预览视频效果。

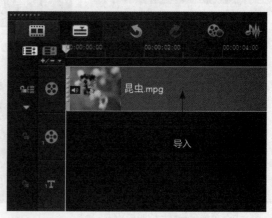

图3-56 选择需要打开的视频文件　　　　图3-57 导入视频素材

实例
045

通过swf动画素材制作"五彩焰火"

本实例效果如图3-58所示。

图3-58 通过swf动画素材制作"蝴蝶飞过"

- 素　材│素材\第3章\城市.jpg、焰火.swf
- 效　果│效果\第3章\五彩焰火.VSP
- 视　频│视频\第3章\实例045.mp4

┃操作步骤┃

01 进入会声会影编辑器，在时间轴面板中插入本书配套资源中的【素材\第3章\城市.jpg】素材图像，如图3-59所示。

02 选择覆叠轨，在时间轴面板的空白处单击鼠标右键，在弹出的快捷菜单中选择【插入视频】选项，如图3-60所示。

图3-59 插入素材图像　　　　图3-60 选择【插入视频】选项

03 弹出【打开视频文件】话框，在其中选择需要打开的动画素材，如图3-61所示。

04 单击【打开】按钮，即可将动画素材导入覆叠轨中，如图3-62所示。在预览窗口中调整动画素材的大小和位置，即可预览视频效果。

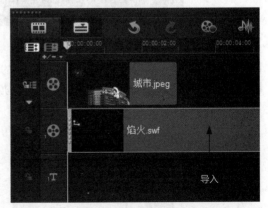

图3-61 选择需要打开的动画素材　　　图3-62 导入动画素材

提示

除了运用以上方法导入动画素材外，用户还可以在【Flash 动画】素材库中，单击【添加】按钮。在弹出的【浏览 Flash 动画】对话框中选择动画素材，单击【打开】按钮即可。

实例 046 通过mp3音频素材制作"蝴蝶飞舞"

本实例效果如图3-63所示。

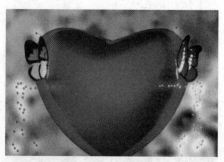

图3-63 通过mp3音频素材制作"蝴蝶飞舞"

- ● 素 材|素材\第3章\蝴蝶飞舞.mpg、蝴蝶飞舞.mp3
- ● 效 果|效果\第3章\蝴蝶飞舞.VSP
- ● 视 频|视频\第3章\实例046.mp4

▮ 操作步骤 ▮

01 进入会声会影编辑器，在时间轴面板中插入本书配套资源中的【素材\第3章\蝴蝶飞舞.mpg】视频素材，如图3-64所示。

02 在时间轴面板中的空白处单击鼠标右键，在弹出的快捷菜单中选择【插入音频】|【到声音轨】选项，如图3-65所示。

图3-64 插入视频素材   图3-65 选择【到声音轨】选项

03 弹出【打开音频文件】对话框，选择需要打开的音频素材，如图3-66所示。

04 单击【打开】按钮，即可将音频素材导入声音轨中，如图3-67所示。单击导览面板中的【播放】按钮，即可预览视频效果。

图3-66 选择需要打开的音频素材   图3-67 导入音频素材

第 **04** 章

素材的修整与校正

在会声会影X9编辑器中，用户可以对素材进行修整和校正，使制作的影片更为生动、美观。本章主要介绍素材的修整与校正方法。

4.1 修整各种照片素材

在会声会影X9的故事板中添加照片素材后，可以根据需要对照片素材进行修整，以便满足影片的需要。本节主要介绍修整各种照片素材的操作方法。

实例 047 通过显示方式制作"美妆广告"

- ● 素　　材｜素材\第4章\美妆广告.jpg
- ● 效　　果｜效果\第4章\美妆广告.VSP
- ● 视　　频｜视频\第4章\实例047.mp4

▌操作步骤▐

01 进入会声会影编辑器，在时间轴面板中插入本书配套资源中的【素材\第4章\美妆广告.jpg】素材图像，如图4-1所示。

02 执行菜单栏中的【设置】|【参数选择】命令，如图4-2所示。

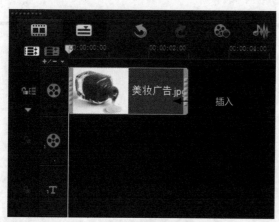

图4-1 插入素材图像【美妆广告.jpg】

图4-2 单击【参数选择】命令

03 弹出【参数选择】对话框，单击【素材显示模式】右侧的下三角按钮，在弹出的下拉列表框中选择【仅略图】选项，如图4-3所示。

04 单击【确定】按钮，在时间轴面板中即可显示图像的缩略图，如图4-4所示。

图4-3 选择【仅略图】选项

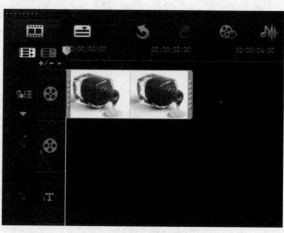

图4-4 显示图像的缩略图

实例 048 通过照片区间制作"金戈铁马"

- 素　　材 | 素材\第4章\金戈铁马.jpg
- 效　　果 | 效果\第4章\金戈铁马.VSP
- 视　　频 | 视频\第4章\实例048.mp4

操作步骤

01 进入会声会影编辑器，在时间轴面板中插入本书配套资源中的【素材\第4章\金戈铁马.jpg】素材图像，如图4-5所示。

02 在视频轨中的素材上单击鼠标右键，在弹出的快捷菜单中选择【更改照片区间】选项，如图4-6所示。

图4-5 插入素材图像

图4-6 选择【更改照片区间】选项

03 弹出【区间】对话框，设置【区间】为0:0:8:0，如图4-7所示。

04 单击【确定】按钮，即可调整素材区间效果，如图4-8所示。

图4-7 设置素材区间

图4-8 调整区间效果

实例 049 通过调整秩序制作"爱情邂逅"

- 素　材 | 素材\第4章\爱情邂逅1.jpg、爱情邂逅2.jpg
- 效　果 | 效果\第4章\爱情邂逅.VSP
- 视　频 | 视频\第4章\实例049.mp4

操作步骤

01 进入会声会影编辑器，在故事板中插入本书配套资源中的【素材\第4章\爱情邂逅1.jpg、爱情邂逅2. jpg】素材图像，如图4-9所示。

图4-9 插入素材图像

02 在故事板中，选择需要移动的素材图像，如图4-10所示。

03 单击鼠标左键并拖曳至第一幅素材的前面，拖曳的位置处将会显示一条竖线，表示素材将要放置的位置。释放鼠标左键，即可调整素材秩序，如图4-11所示。

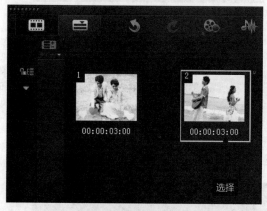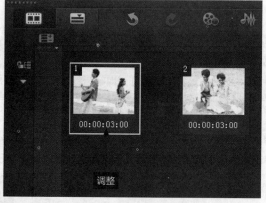

图4-10 选择素材图像　　　　　　　　图4-11 调整素材秩序

实例 050 通过复制素材制作"艺术画面"

- 素　材 | 素材\第4章\艺术画面.jpg
- 效　果 | 效果\第4章\艺术画面.VSP
- 视　频 | 视频\第4章\实例050.mp4

操作步骤

01 进入会声会影编辑器，在时间轴面板中插入本书配套资源中的【素材\第4章\艺术画面.jpg】素材图像，如图4-12所示。

02 在视频轨中的素材图像上单击鼠标右键，在弹出的快捷菜单中选择【复制】选项，如图4-13所示。

图4-12 插入素材图像

图4-13 选择【复制】选项

提示

在会声会影 X9 中，除了运用以上方法复制素材外，用户还可以使用【Ctrl + C】组合键复制图像素材。

03 复制素材对象后，将鼠标移至视频轨右侧需要粘贴的位置处，此时显示白色色块，如图4-14所示。

04 单击鼠标左键，即可对复制的素材对象进行粘贴操作，在视频轨中可以预览复制的素材效果，如图4-15所示。

图4-14 显示白色色块

图4-15 预览素材对象

实例 051 默认摇动缩放制作"甜蜜恋人"

本实例效果如图4-16所示。

图4-16 默认摇动缩放制作"甜蜜恋人"

● 素　　材 | 素材\第4章\甜蜜恋人.jpg
● 效　　果 | 效果\第4章\甜蜜恋人.VSP
● 视　　频 | 视频\第4章\实例051.mp4

┨ 操作步骤 ┠

01 进入会声会影编辑器，在时间轴面板中插入本书配套资源中的【素材\第4章\甜蜜恋人.jpg】素材图像，如图4-17所示。

02 展开选项面板，选中【摇动和缩放】单选按钮，单击该单选按钮下方的下三角按钮，在弹出的下拉列表框中选择需要的样式，如图4-18所示。执行上述操作后，即可制作默认图像摇动和缩放的动画效果。

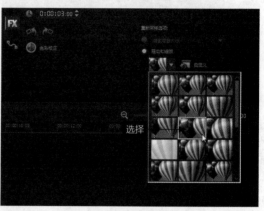

图4-17 插入素材图像　　　　　　　　　　　　图4-18 选择需要的样式

实　例 052　　**自定义摇动缩放制作"自由飞翔"**

本实例效果如图4-19所示。

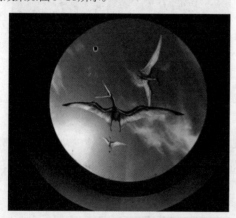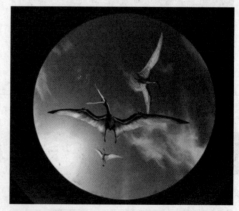

图4-19 自定义摇动缩放制作"自由飞翔"

● 素　　材 | 素材\第4章\自由飞翔.jpg
● 效　　果 | 效果\第4章\自由飞翔.VSP
● 视　　频 | 视频\第4章\实例052.mp4

┨ 操作步骤 ┠

01 进入会声会影编辑器，在时间轴面板中插入本书配套资源中的【素材\第4章\自由飞翔.jpg】素材图像，如图4-20所示。

02 单击【选项】按钮，打开选项面板，在其中选中【摇动和缩放】单选按钮，单击该单选按钮下方的【自定义】按钮，如图4-21所示。

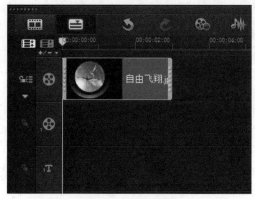

图4-20　插入素材图像

图4-21　单击【自定义】按钮

03 弹出【摇动和缩放】对话框，在【停靠】选项区中，单击红色方框按钮，设置缩放中心从素材中心开始，并在【缩放率】文本框中输入数值100，如图4-22所示。

04 单击预览窗口下方的结束帧，使该帧处于结束状态，在【停靠】选项区中，单击红色方框按钮，设置缩放中心从素材中心结束，并在【缩放率】文本框中输入数值200，如图4-23所示，单击【确定】按钮，即可完成自定义摇动缩放效果的操作。

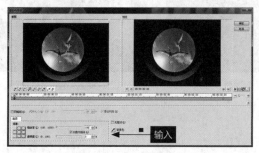

图4-22　输入数值100

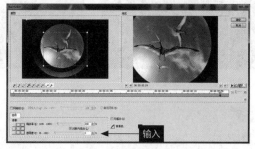

图4-23　输入数值200

> **提示**
>
> 在【摇动和缩放】对话框中选中【无摇动】复选框，单击【确定】按钮，然后对视频进行预览，将只会缩放素材，不会摇动素材。

4.2 修整各种视频素材

在会声会影X9中，用户还可以根据需要修整各种视频素材，如调整视频音量、设置回放速度以及分割素材等。本节主要介绍修整各种视频素材的操作方法。

实例 053　通过调整音量制作"节目片头"

- ● **素　材** | 素材\第4章\节目片头.mpg
- ● **效　果** | 效果\第4章\节目片头.VSP
- ● **视　频** | 视频\第4章\实例053.mp4

┃操作步骤┃

01 进入会声会影编辑器，在时间轴面板中插入本书配套资源中的【素材\第4章\节目片头.mpg】视频素材，如图4-24所示。

02 单击【选项】按钮，展开选项面板，在【素材音量】数值框中输入数值60，如图4-25所示。

在【视频】选项面板中，各选项的含义如下。

● **色彩校正**：单击该按钮，可以在弹出的属性面板中调整素材的白平衡、色调、亮度以及饱和度等。

● **速度/时间流逝**：单击该按钮，在弹出的对话框中可以设置视频素材的回放速度和流逝时间。

● **变速**：单击该按钮，可以调整视频的播放速度，或快或慢。

● **反转视频**：选中该复选框，可以对视频素材进行反转操作。

● **分割音频**：在视频轨中选择相应的视频素材后，单击该按钮，可以从视频中将音频分割出来。

● **按场景分割**：在视频轨中选择相应的视频素材后，单击该按钮，可以将视频素材按场景分割为多段单独的视频文件。

● **多重修整视频**：单击该按钮，可以对视频文件进行多重修整操作，也可以将视频按照指定的区间长度进行分割和修剪。

03 执行上述操作后，单击导览面板中的【播放】按钮，即可在预览窗口中预览视频效果并聆听音频效果，如图4-26所示。

图4-24 插入视频素材　　　　　图4-25 输入数值60　　　　　图4-26 预览视频并聆听音频效果

> **提示**
>
> 在【视频】选项面板中，单击【素材音量】选项区右侧的下三角按钮，弹出音量列表，拖曳右侧的滑块可以调节视频音量。

实例 054　通过回放速度制作"海上交通"

本实例效果如图4-27所示。

图4-27 通过回放速度制作"海上交通"

● **素　　材** | 素材\第4章\海上交通.mpg

● **效　　果** | 效果\第4章\海上交通.VSP

● **视　　频** | 视频\第4章\实例054.mp4

┃操作步骤┃

01 进入会声会影编辑器，在时间轴面板中插入本书配套资源中的【素材\第4章\海上交通.mpg】视频素材，如图4-28所示。

02 在【视频】选项面板中，单击【速度/时间流逝】按钮，如图4-29所示。

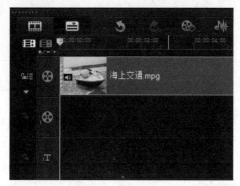

图4-28 插入视频素材   图4-29 单击【速度/时间流逝】按钮

> **提示**
>
> 在视频轨中选择需要设置回放速度的视频素材，单击鼠标右键，在弹出的快捷菜单中选择【速度 / 时间流逝】选项，也可以快速弹出【速度 / 时间流逝】对话框。

03 弹出【速度/时间流逝】对话框，在【新素材区间】选项右侧的数值框中输入0:0:3:0，设置素材的回放速度，如图4-30所示。

04 单击【确定】按钮，即可调整视频素材的回放速度，在视频轨中可以查看素材对象的效果，如图4-31所示。

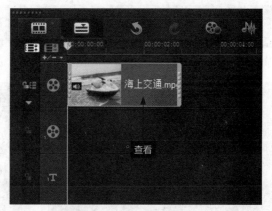

图4-30 设置回放速度   图4-31 查看素材对象效果

实例 055 通过慢动作播放制作"落叶纷飞"

本实例效果如图4-32所示。

图4-32 通过慢动作播放制作"落叶纷飞"

- 素　　材┃素材\第4章\落叶纷飞.mpg

- 效　　果┃效果\第4章\落叶纷飞.VSP

- 视　　频┃视频\第4章\实例055.mp4

┃ 操作步骤 ┃

01 进入会声会影编辑器，在时间轴面板中插入本书配套资源中的【素材\第4章\落叶纷飞.mpg】视频素材，如图4-33所示。

02 在【视频】选项面板中，单击【速度/时间流逝】按钮，弹出【速度/时间流逝】对话框，在【速度】选项右侧的数值框中输入数值50，如图4-34所示。

03 单击【确定】按钮，即可通过慢动作播放制作的视频效果，在视频轨中可以查看素材对象的效果，如图4-35所示。

图4-33 插入视频素材　　　　　　图4-34 输入数值50　　　　　　图4-35 查看素材对象效果

实例 056　通过快动作播放制作"朵朵盛开"

本实例效果如图4-36所示。

图4-36 通过快动作播放制作"朵朵盛开"

- 素　　材┃素材\第4章\朵朵盛开.mpg

- 效　　果┃效果\第4章\朵朵盛开.VSP

- 视　　频┃视频\第4章\实例056.mp4

┃ 操作步骤 ┃

01 进入会声会影编辑器，在时间轴面板中插入本书配套资源中的【素材\第4章\朵朵盛开.mpg】视频素材，如图4-37所示。

02 在【视频】选项面板中，单击【速度/时间流逝】按钮，弹出【速度/时间流逝】对话框，在【速度】选项右侧的数值框中输入数值800，如图4-38所示。

03 单击【确定】按钮，即可通过快动作播放制作视频效果，在视频轨中可以查看素材对象的效果，如图4-39所示。

图4-37 插入视频素材

图4-38 输入数值800

图4-39 查看素材对象效果

实例 057 通过分割素材制作"长寿是福"

本实例效果如图4-40所示。

图4-40 通过分割素材制作"长寿是福"

- **素　　材**|素材\第4章\长寿是福.mpg
- **效　　果**|效果\第4章\长寿是福.VSP
- **视　　频**|视频\第4章\实例057.mp4

操作步骤

01 进入会声会影编辑器，在时间轴面板中插入本书配套资源中的【素材\第4章\长寿是福.mpg】视频素材，如图4-41所示。

02 在视频轨中选择需要分割音频的视频素材，其缩略图左下角会显示图标。单击鼠标右键，在弹出的快捷菜单中选择【分离音频】选项，如图4-42所示。

03 执行上述操作后，即可分割视频素材声音，影片中的音频部分将与视频分离，并自动添加到声音轨，如图4-43所示。

图4-41 插入视频素材

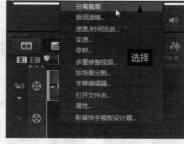
图4-42 选择【分离音频】选项

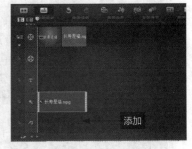
图4-43 添加至声音轨

通过反转视频制作"盛开的花"

本实例效果如图4-44所示。

图4-44 通过反转视频制作"盛开的花"

- **素　　材**｜素材\第4章\盛开的花.mpg
- **效　　果**｜效果\第4章\盛开的花.VSP
- **视　　频**｜视频\第4章\实例058.mp4

┃操作步骤┃

01 进入会声会影编辑器，在时间轴面板中插入本书配套资源中的【素材\第4章\盛开的花.mpg】视频素材，如图4-45所示。

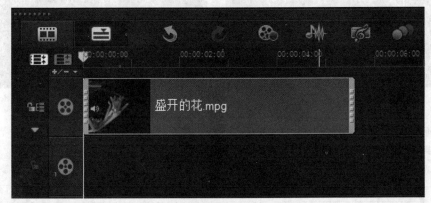

图4-45 插入视频素材

02 单击【选项】按钮，展开【视频】选项面板，在面板中选中【反转视频】复选框，如图4-46所示。

03 执行上述操作后，即可反转视频素材，在视频轨中可以查看素材对象的效果，如图4-47所示。

图4-46 选中【反转视频】复选框　　　　　图4-47 查看盛开的花素材对象的效果

4.3 色彩校正素材图像

在会声会影X9中提供了专业的色彩校正功能，用户可以轻松调整素材的亮度、对比度以及饱和度等，甚至还可以将影片调成具有艺术效果的色彩。本节主要介绍色彩校正素材图像的操作方法。

实例 059 通过色调功能制作"美丽景色"

本实例效果如图4-48所示。

图4-48 通过色调功能制作"美丽景色"

● 素　　材┃素材\第4章\美丽景色.jpg

● 效　　果┃效果\第4章\美丽景色.VSP

● 视　　频┃视频\第4章\实例059.mp4

操作步骤

01 进入会声会影编辑器，在时间轴面板中插入本书配套资源中的【素材\第4章\美丽景色.jpg】素材图像，如图4-49所示。

02 单击【选项】按钮，展开【照片】选项面板，单击【色彩校正】按钮，如图4-50所示。

03 打开相应选项面板，拖曳【色调】右侧的滑块，直至参数显示为22，如图4-51所示。执行操作后，即可调整图像的色调。

图4-49 插入素材图像　　　　图4-50 单击【色彩校正】按钮　　　　图4-51 调整图像的色调

提示

在会声会影 X9 中调整图像色调时，如果在选项面板的下方选中【自动调整色调】复选框，也可以自动调整图像素材的色调。

实例 060 通过亮度功能制作"湖中风景"

本实例效果如图4-52所示。

图4-52 通过亮度功能制作"湖中风景"

- **素　　材** | 素材\第4章\湖中风景.jpg
- **效　　果** | 效果\第4章\湖中风景.VSP
- **视　　频** | 视频\第4章\实例060.mp4

▌操作步骤▌

01 进入会声会影编辑器，在时间轴面板中插入本书配套资源中的【素材\第4章\湖中风景.jpg】素材图像，如图4-53所示。

02 单击【选项】按钮，展开【照片】选项面板。单击【色彩校正】按钮，打开相应选项面板，拖曳【亮度】右侧的滑块，直至参数显示为46，如图4-54所示。执行操作后，即可调整图像的亮度。

图4-53 插入素材图像　　　　　　　　　　图4-54 调整图像的亮度

实例 061 通过对比度功能制作"水果"

本实例效果如图4-55所示。

图4-55 通过对比度功能制作"水果"

- 素　　材 | 素材\第4章\水果.jpg
- 效　　果 | 效果\第4章\水果.VSP
- 视　　频 | 视频\第4章\实例061.mp4

操作步骤

01 进入会声会影编辑器，在时间轴面板中插入本书配套资源中的【素材\第4章\水果.jpg】素材图像，如图4-56所示。

02 展开【照片】选项面板，单击【色彩校正】按钮。打开相应选项面板，拖曳【对比度】右侧的滑块，直至参数显示为34，如图4-57所示。执行操作后，即可调整图像的对比度。

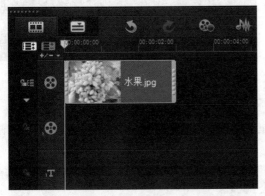

图4-56 插入素材图像

图4-57 调整图像的对比度

提示

【对比度】选项用于调整图像的对比度，其取值范围为 –100 ~ 100 的整数。对比数值越高，图像对比度越大；反之，则图像对比度越小。

实例 062 通过饱和度功能制作"植物"

本实例效果如图4-58所示。

图4-58 通过饱和度功能制作"植物"

- 素　　材 | 素材\第4章\植物.jpg
- 效　　果 | 效果\第4章\植物.VSP
- 视　　频 | 视频\第4章\实例062.mp4

操作步骤

01 进入会声会影编辑器，在时间轴面板中插入本书配套资源中的【素材\第4章\植物.jpg】素材图像，如图4-59所示。

02 展开【照片】选项面板，单击【色彩校正】按钮。打开相应选项面板，拖曳【饱和度】右侧的滑块，直至参数显示为48，如图4-60所示。执行操作后，即可调整图像的饱和度。

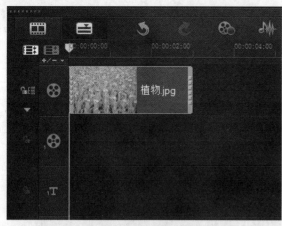

图4-59 插入素材图像

图4-60 调整图像的饱和度

提示

饱和度是指颜色的强度或纯度，饱和度越高，图片的色彩效果越鲜艳；饱和度越低，图片的色彩效果越昏暗，越显陈旧。

实例 063 通过Gamma功能制作"红色玫瑰"

本实例效果如图4-61所示。

图4-61 通过Gamma功能制作"红色玫瑰"

- 素　　材 | 素材\第4章\红色玫瑰.jpg
- 效　　果 | 效果\第4章\红色玫瑰.VSP
- 视　　频 | 视频\第4章\实例063.mp4

┨ 操作步骤 ┠

01 进入会声会影编辑器，在时间轴面板中插入本书配套资源中的【素材\第4章\红色玫瑰.jpg】素材图像，如图4-62所示。

02 展开【照片】选项面板，单击【色彩校正】按钮。打开相应选项面板，拖曳Gamma右侧的滑块，直至参数显示为-21，如图4-63所示。执行操作后，即可调整图像的Gamma值。

提示

Gamma 是灰阶的意思。在图像中，灰阶代表了由最暗到最亮之间不同亮度的层次级别，中间层次越多，所能够呈现的画面效果也就越细腻。

图4-62 插入素材图像

图4-63 调整图像的Gamma值

实 例 064 通过钨光功能制作"梅花"

本实例效果如图4-64所示。

图4-64 通过钨光功能制作"梅花"

- 素　　材｜素材\第4章\梅花.jpg
- 效　　果｜效果\第4章\梅花.VSP
- 视　　频｜视频\第4章\实例064.mp4

┃操作步骤┃

01 进入会声会影编辑器，在时间轴面板中插入本书配套资源中的【素材\第4章\梅花.jpg】素材图像，如图4-65所示。

02 展开【照片】选项面板，单击【色彩校正】按钮。打开相应选项面板，选中【白平衡】复选框，单击【白平衡】选项区中的【钨光】按钮，如图4-66所示。执行操作后，即可添加钨光效果。

图4-65 插入素材图像

图4-66 单击【钨光】按钮

实例 065 通过荧光功能制作"花瓣雨"

本实例效果如图4-67所示。

图4-67 通过荧光功能制作"花瓣雨"

- 素　材 | 素材\第4章\花瓣雨.jpg
- 效　果 | 效果\第4章\花瓣雨.VSP
- 视　频 | 视频\第4章\实例065.mp4

操作步骤

01 进入会声会影编辑器，在时间轴面板中插入本书配套资源中的【素材\第4章\花瓣雨.jpg】素材图像，如图4-68所示。

02 展开【照片】选项面板，单击【色彩校正】按钮。打开相应选项面板，选中【白平衡】复选框，单击【白平衡】选项区中的【荧光】按钮，如图4-69所示。执行操作后，即可添加荧光效果。

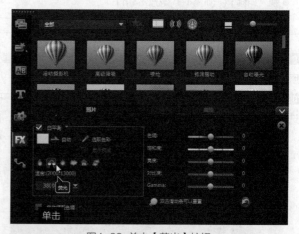

图4-68 插入素材图像　　　　　　　　图4-69 单击【荧光】按钮

实例 066　通过日光功能制作"心形"

本实例效果如图4-70所示。

图4-70　通过日光功能制作"心形"

- ● **素　材** | 素材\第4章\心形.jpg
- ● **效　果** | 效果\第4章\心形.VSP
- ● **视　频** | 视频\第4章\实例066.mp4

▌操作步骤 ▌

01 进入会声会影编辑器，在时间轴面板中插入本书配套资源中的【素材\第4章\心形.jpg】素材图像，如图4-71所示。

02 展开【照片】选项面板，单击【色彩校正】按钮。打开相应选项面板，选中【白平衡】复选框，单击【白平衡】选项区中的【日光】按钮，如图4-72所示。执行操作后，即可添加日光效果。

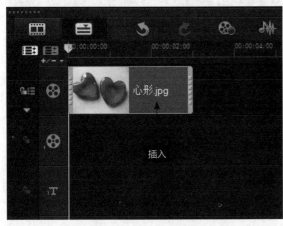

图4-71　插入素材图像　　　　　　　　图4-72　单击【日光】按钮

> **提示**
>
> 在会声会影 X9 中，应用日光效果可以修正色调偏红的视频或照片素材，一般适用于灯光夜景、日出、日落以及焰火等。

实例 067　通过阴暗功能制作"茶具"

本实例效果如图4-73所示。

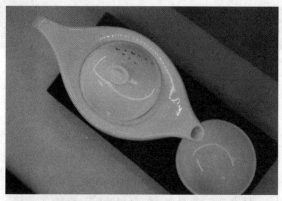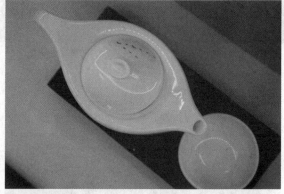

图4-73 通过阴暗功能制作"茶具"

● **素　　材**┃素材\第4章\茶具.jpg

● **效　　果**┃效果\第4章\茶具.VSP

● **视　　频**┃视频\第4章\实例067.mp4

━┃ **操作步骤** ┃━━

01 进入会声会影编辑器，在时间轴面板中插入本书配套资源中的【素材\第4章\茶具.jpg】素材图像，如图4-74所示。

02 展开【照片】选项面板，单击【色彩校正】按钮。打开选项面板，选中【白平衡】复选框，单击【白平衡】选项区中的【阴暗】按钮，如图4-75所示。执行操作后，即可添加阴暗效果。

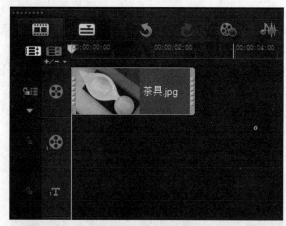

<table>
<tr><td align="center">图4-74 插入素材图像</td><td align="center">图4-75 单击【阴暗】按钮</td></tr>
</table>

> **提示**
>
> 在会声会影 X9 中，为图像应用阴暗效果可以使素材画面呈现偏黄的暖色调，同时可以修正偏蓝的照片。

第
05 章

素材的精修与分割

在会声会影编辑器中，可以对视频素材进行相应的剪辑，其中最常见的视频剪辑包括用黄色标记剪辑视频、通过修整栏剪辑视频以及通过时间轴剪辑视频。在剪辑视频时，还可以按场景分割视频、多重修整视频等。本章主要介绍素材的精修与分割方法。

5.1 剪辑视频素材

在会声会影X9中，用户可以对视频素材进行相应的剪辑，去除视频素材中不需要的部分，并将最精彩的部分应用到视频中。本节主要介绍剪辑视频素材的操作方法。

实例 068 通过按钮剪辑"花朵"

本实例效果如图5-1所示。

图5-1 通过按钮剪辑"花朵"

- 素　　材 | 素材\第5章\花朵.mpg
- 效　　果 | 效果\第5章\花朵.VSP
- 视　　频 | 视频\第5章\实例068.mp4

操作步骤

`01` 进入会声会影编辑器，在时间轴面板中插入本书配套资源中的【素材\第5章\花朵.mpg】视频素材，如图5-2所示。

图5-2 插入视频素材

`02` 拖曳预览窗口下方的滑轨块至合适位置，单击【根据滑轨位置分割素材】按钮，如图5-3所示。

`03` 执行上述操作后，视频轨中的素材将被剪辑成两段，如图5-4所示。

图5-3 单击相应按钮　　　　　　　　　图5-4 素材将被剪辑成两段

04 使用与上述同样的方法，再次对视频轨中的素材进行剪辑操作，如图5-5所示。

图5-5　再次对素材进行剪辑操作

实例 069　通过黄色标记剪辑"美食美色"

本实例效果如图5-6所示。

图5-6　通过黄色标记剪辑"美食美色"

- ● **素　　材** | 素材\第5章\美食美色.mpg
- ● **效　　果** | 效果\第5章\美食美色.VSP
- ● **视　　频** | 视频\第5章\实例069.mp4

┤ **操作步骤** ├

01 进入会声会影编辑器，在时间轴面板中插入本书配套资源中的【素材\第5章\美食美色.mpg】视频素材，如图5-7所示。

02 将鼠标移至时间轴面板中的视频素材的末端位置，单击鼠标左键并向左拖曳，如图5-8所示。

03 拖曳至适当位置后，释放鼠标左键，即可完成通过黄色标记剪辑视频的操作，视频轨中的素材如图5-9所示。

图5-7　插入视频素材　　　　　　图5-8　单击鼠标左键并向左拖曳　　　　　　图5-9　剪辑视频素材

实例 070　通过修整栏剪辑"家居"

本实例效果如图5-10所示。

图5-10 通过修整栏剪辑"家居"

- 素　　材 | 素材\第5章\家居.mpg
- 效　　果 | 效果\第5章\家居.VSP
- 视　　频 | 视频\第5章\实例070.mp4

▌ 操作步骤 ▌

`01` 进入会声会影编辑器，在时间轴面板中插入本书配套资源中的【素材\第5章\家居.mpg】视频素材，如图5-11所示。

`02` 拖曳鼠标指针至预览窗口左下方的修整标记上，当鼠标指针呈双向箭头时，单击鼠标左键并向右拖曳修整标记，如图5-12所示。

`03` 将鼠标指针移至修整栏的结束修整标记上，单击鼠标左键并向左拖曳，至合适位置后释放鼠标，如图5-13所示，即可完成通过修整栏剪辑视频的操作。

图5-11 插入视频素材　　　　　图5-12 拖曳修整标记　　　　　图5-13 剪辑视频素材

实例 071　　通过时间轴剪辑"兔子"

本实例效果如图5-14所示。

图5-14 通过时间轴剪辑"兔子"

- 素　　材┃素材\第5章\兔子.mpg
- 效　　果┃效果\第5章\兔子.VSP
- 视　　频┃视频\第5章\实例071.mp4

┃操作步骤┃

01 进入会声会影编辑器，在时间轴面板中插入本书配套资源中的【素材\第5章\兔子.mpg】视频素材，如图5-15所示。

02 将鼠标指针移至时间轴上方的滑块上，鼠标指针呈双箭头形状，如图5-16所示。

图5-15　插入视频素材　　　　　　　　　图5-16　鼠标指针呈双箭头形状

03 单击鼠标左键并向右拖曳，至合适位置后释放鼠标，然后在预览窗口的右下角单击【开始标记】按钮，如图5-17所示。此时，在时间轴上方会显示一条橘红色线条。

04 将鼠标指针移至时间轴上方的滑块上，单击鼠标左键并向右拖曳，至合适位置后释放鼠标，单击预览窗口中右下角的【结束标记】按钮，如图5-18所示，确定视频的终点位置，此时，选定的区域将以橘红色线条表示。执行操作后，即可完成通过时间轴剪辑视频的操作。

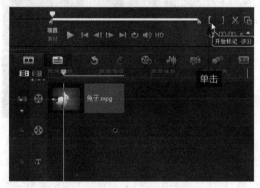

图5-17　单击【开始标记】按钮　　　　　　图5-18　单击【结束标记】按钮

5.2　按场景分割视频

　　在会声会影X9中，可以对视频素材进行按场景分割，如通过场景扫描、通过场景分割等。本节主要介绍按场景分割视频的操作方法。

实例 072　　**通过场景扫描"夕阳西下"**

　　本实例效果如图5-19所示。

图5-19 通过场景扫描"夕阳西下"

- 素　　材┃素材\第5章\夕阳西下.mpg
- 效　　果┃效果\第5章\夕阳西下.VSP
- 视　　频┃视频\第5章\实例072.mp4

┃ 操作步骤 ┃

01 进入会声会影编辑器，在时间轴面板中插入本书配套资源中的【素材\第5章\夕阳西下.mpg】视频素材，如图5-20所示。

02 单击【选项】按钮，打开【视频】选项面板，单击【按场景分割】按钮，如图5-21所示。

图5-20 插入视频素材　　　　　　　　　　　图5-21 单击【按场景分割】按钮

03 弹出【场景】对话框，单击【扫描】按钮，如图5-22所示。

04 执行上述操作后，即可完成通过场景扫描视频素材的操作，在【检测到的场景】列表框中可以查看扫描到的视频，如图5-23所示。

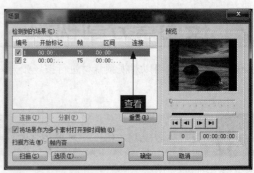

图5-22 单击【扫描】按钮　　　　　　　　　　图5-23 查看扫描到的视频

实例 073　通过场景分割"可爱猫咪"

本实例效果如图5-24所示。

图5-24　通过场景分割"可爱猫咪"

- ● 素　　材┃素材\第5章\可爱猫咪.mpg
- ● 效　　果┃效果\第5章\可爱猫咪.VSP
- ● 视　　频┃视频\第5章\实例073.mp4

┃操作步骤┃

01 进入会声会影编辑器，在时间轴面板中插入本书配套资源中的【素材\第5章\可爱猫咪.mpg】视频素材，如图5-25所示。

02 单击【选项】按钮，打开【视频】选项面板，单击【按场景分割】按钮，如图5-26所示。

图5-25　插入视频素材　　　　　　　　　图5-26　单击【按场景分割】按钮

03 弹出【场景】对话框，单击【扫描】按钮，扫描出视频素材，如图5-27所示。

04 单击【确定】按钮，返回会声会影编辑器，即可在视频轨中查看按场景分割的视频素材效果，如图5-28所示。

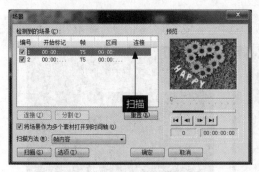

图5-27　扫描出视频素材　　　　　　　　图5-28　查看视频素材效果

提示

在【场景】对话框中，单击【扫描】按钮扫描出视频素材后，如果用户需要还原素材，可以单击【重置】按钮，即可还原视频素材。

实例
074 通过场景保存"海滩风景"

本实例效果如图5-29所示。

图5-29 通过场景保存"海滩风景"

● 素　　材 | 素材\第5章\海滩风景.mpg
● 效　　果 | 效果\第5章\海滩风景.VSP
● 视　　频 | 视频\第5章\实例074.mp4

▎操作步骤▎

`01` 进入会声会影编辑器，在时间轴面板中插入本书配套资源中的【素材\第5章\海滩风景.mpg】视频素材，如图5-30所示。

图5-30 插入素材文件

`02` 单击【选项】按钮，打开【视频】选项面板，单击【按场景分割】按钮。弹出【场景】对话框，单击【扫描】按钮，扫描视频素材，如图5-31所示。

`03` 单击【确定】按钮，返回会声会影编辑器，可以在视频轨中查看按场景分割的视频素材效果，如图5-32所示。

图5-31 扫描视频素材　　　　　图5-32 查看视频素材效果

04 完成上述操作后，执行菜单栏中的【文件】|【保存修整后的视频】命令，如图5-33所示。

05 稍等片刻，打开【视频】素材库，在其中可以查看保存的视频，如图5-34所示。

图5-33　单击【保存修整后的视频】命令

图5-34　查看保存的视频

> **提示**
>
> 在【场景】对话框中，用户还可以单击【选项】按钮，会弹出【场景扫描敏感度】对话框，在其中可以设置场景扫描的敏感度值。

5.3 多重修整视频

　　在会声会影X9中，多重修整视频是将视频分割成多个片段的另一种方法。相对于按场景分割来说，该功能比较灵活。它可以让用户完整地控制要提取的素材，更加方便项目的管理。本节主要介绍多重修整视频的各种操作方法。

实例 075　通过多重修整剪辑"烈焰玫瑰"

　　本实例效果如图5-35所示。

图5-35　通过多重修整剪辑"烈焰玫瑰"

● 素　　材｜素材\第5章\烈焰玫瑰.mpg

● 效　　果｜效果\第5章\烈焰玫瑰.VSP

● 视　　频｜视频\第5章\实例075.mp4

┨ 操作步骤 ┠

01 进入会声会影编辑器，在时间轴面板中插入本书配套资源中的【素材\第5章\烈焰玫瑰.mpg】视频素材，如图5-36所示。

图5-36 提取起始位置

02 单击【选项】按钮，打开【视频】选项面板，单击【多重修整视频】按钮。弹出【多重修整视频】对话框，如图 5-37所示。

03 拖曳滑块至合适位置，单击【设置开始标记】按钮，标记提取素材的起始位置，如图5-38所示。

图5-37 【多重修整视频】对话框

图5-38 提取起始位置

04 拖曳滑块至合适位置，单击【设置结束标记】按钮，标记提取素材的结束位置，如图5-39所示。

05 单击对话框左上角的【反转选取】按钮，即可反转所选视频片段，如图5-40所示。单击【确定】按钮，即可完成多重修整剪辑视频的操作。

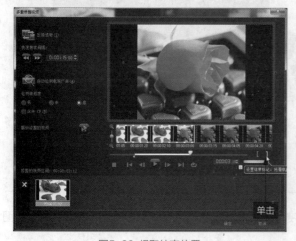

图5-39 提取结束位置

图5-40 反转所选视频

实 例 076 通过多重修整删除"云涌"

本实例效果如图5-41所示。

图5-41 通过多重修整删除"云涌"

- 素　　材丨素材\第5章\云涌.mpg
- 效　　果丨效果\第5章\云涌.VSP
- 视　　频丨视频\第5章\实例076.mp4

┨ 操作步骤 ┠

01 进入会声会影编辑器，在时间轴面板中插入本书配套资源中的【素材\第5章\云涌.mpg】视频素材，如图5-42所示。

02 打开【视频】选项面板，单击【多重修整视频】按钮，弹出【多重修整视频】对话框。运用【设置开始标记】按钮和【设置结束标记】按钮，提取视频片段，如图5-43所示。

03 单击【删除所选素材】按钮，即可删除媒体库中所选的素材，如图5-44所示。单击【确定】按钮，即可完成通过多重修整删除视频素材的操作。

图5-42 插入视频素材　　　　图5-43 提取视频片段　　　　图5-44 删除所选素材

5.4 使用多相机编辑器剪辑合成视频

在会声会影X9中新增加了多相机编辑器功能，用户可以通过从不同相机、不同角度捕获的事件镜头创建外观专业的视频编辑。通过简单的多视图工作区，可以在播放视频素材的同时进行动态剪辑、合成操作。本节主要向读者介绍使用多相机编辑器剪辑合成视频的操作方法，希望读者熟练掌握本节内容。

实 例
077
通过命令打开多相机编辑器

- 素　材 | 无
- 效　果 | 无
- 视　频 | 视频\第5章\实例077.mp4

操作步骤

01 进入会声会影编辑器，在菜单栏中单击【工具】菜单，在弹出的菜单列表中单击【多相机编辑器】命令，如图5-45所示。

02 或者在时间轴面板的上方，单击【多相机编辑器】按钮，如图5-46所示。

03 执行操作后，即可打开【多相机编辑器】窗口，如图5-47所示。

图5-45　单击【多相机编辑器】命令　　图5-46　单击【多相机编辑器】按钮　　图5-47　打开【多相机编辑器】窗口

实 例
078
通过剪辑合成"单车女孩"

本实例效果如图5-48所示。

图5-48　通过剪辑、合成多个视频画面

- 素　材 | 素材\第5章\单车女孩.mpg、水车特效.mpg
- 效　果 | 无
- 视　频 | 视频\第5章\实例078.mp4

操作步骤

01 进入【多相机编辑器】窗口，在下方的【相机1】轨道右侧空白处单击鼠标右键，在弹出的快捷菜单中选择【导入源】选项，如图5-49所示。

02 在弹出的相应对话框中，选择需要添加的视频文件，如图5-50所示，单击【打开】按钮。

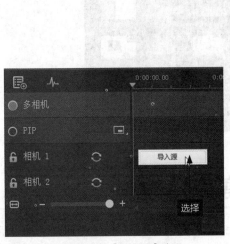

图5-49 选择【导入源】选项

图5-50 单击【打开】按钮

03 执行上述操作后，即可添加视频至【相机1】轨道中，如图5-51所示。

04 用与上同样的方法，在【相机2】轨道中添加一段视频，如图5-52所示。

图5-51 添加视频至【相机1】轨道

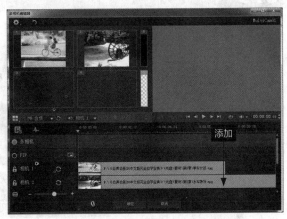

图5-52 添加视频至【相机2】轨道

05 单击左上方的预览框1，即可在【多相机轨道】上添加【相机1】轨道的视频画面，如图5-53所示。

06 拖动时间轴上方的滑块到00:00:03:00的位置处，单击左上方的预览框2，对视频进行剪辑操作，如图5-54所示。

图5-53 添加视频到【多相机】轨道

图5-54 单击预览框2

07 剪辑、合成两段视频画面后，单击下方的【确定】按钮，返回会声会影编辑器，合成的视频文件将显示在【媒体】素材库中，如图5-55所示。

图5-55 显示在【媒体】素材库中

5.5 制作视频运动与马赛克特效

在会声会影X9，用户可以利用视频运动与马赛克特效，制作出多种画面效果，本节向读者介绍利用视频运动与马赛克特效的操作方法。

实例 079 通过抠像技术抠取"帅气男孩"

本实例效果如图5-56所示。

图5-56 通过抠像技术抠取"帅气男孩"

● 素　　材 | 素材\第5章\帅气男孩.VSP
● 效　　果 | 效果\第5章\帅气男孩.VSP
● 视　　频 | 视频\第5章\实例079.mp4

┤ 操作步骤 ├

01 进入会声会影编辑器，打开一个项目文件，如图5-57所示。

02 在预览窗口中，可以预览打开的项目效果，如图5-58所示。

图5-57 打开一个项目文件

图5-58 预览项目效果

03 选择覆叠轨素材，在【属性】选项面板中，单击【遮罩和色度键】按钮，如图5-59所示。

04 进入相应面板，选中【应用覆叠选项】复选框，设置相似度右侧的色块为白色，在【针对遮罩帧的色彩相似度】
数值框中输入10，即可去除视频的背景画面，如图5-60所示。

图5-59 单击【遮罩和色度键】按钮　　　　　　　　图5-60 设置相应数值

实例
080　通过运动功能制作"帆船航行"

本实例效果如图5-61所示。

图5-61 通过运动功能让素材按指定路径运动

- 素　　材｜素材\第5章\帆船航行.VSP
- 效　　果｜效果\第5章\帆船航行.VSP
- 视　　频｜视频\第5章\实例080.mp4

┤操作步骤├

01 进入会声会影编辑器，打开一个项目文件，选择覆叠素材，在预览窗口中，拖动覆叠素材周围的控制柄，来调整
覆叠素材的大小和位置，如图5-62所示。

02 切换至【路径】选项卡，在【路径】素材库中，选择相应路径动作，单击鼠标左键并将其拖曳至覆叠轨中的覆叠
素材上，释放鼠标左键，即可完成移动路径动作的添加，如图5-63所示。

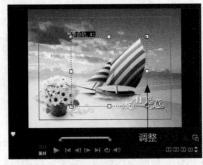

图5-62 调整覆叠素材的大小和位置　　　　　　　图5-63 完成移动路径动作的添加

实例 081 通过红圈跟踪"人物动态"画面

本实例效果如图5-64所示。

图5-64 通过红圈跟踪"人物动态"画面

- 素　　材┃素材\第5章\人物动态.mov、红圈.png
- 效　　果┃效果\第5章\人物动态.VSP
- 视　　频┃视频\第5章\实例081.mp4

┃操作步骤┃

01 在菜单栏中，单击【工具】菜单，在弹出的菜单列表中单击【运动追踪】命令，如图5-65所示。

02 弹出【打开视频文件】对话框，在其中选择需要使用的视频文件，如图5-66所示。

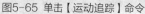

图5-65 单击【运动追踪】命令

图5-66 选择需要使用的视频文件

03 单击【打开】按钮，弹出【运动追踪】对话框，将时间线移至开始的位置处，在下方单击【按区域设置跟踪器】按钮，在预览窗口中，通过拖曳的方式调整青色方框的跟踪位置，移至人物位置处，确认【添加匹配对象】复选框为选中状态，然后单击【运动追踪】按钮，如图5-67所示。

04 执行操作后，即可开始播放视频文件，并显示运动追踪信息，待视频播放完成后，在上方窗格中即可显示运动追踪路径，路径线条以青色线表示，单击对话框下方的【确定】按钮，返回会声会影编辑器，在视频轨和覆叠轨中显示了视频文件与运动追踪文件，如图5-68所示。

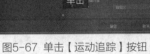

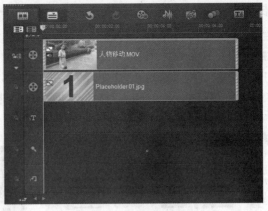

图5-67 单击【运动追踪】按钮　　　　图5-68 显示了视频与运动追踪文件

05 将覆叠轨中的素材进行替换操作，替换为【红圈.png】素材，在【红圈.png】素材上，单击鼠标右键，在弹出的快捷菜单中选择【匹配动作】选项，弹出【匹配动作】对话框，在下方的【大小】选项区中设置X为50、Y为50，如图5-69所示。

06 选择第2个关键帧，在下方的【大小】选项区中设置X为20、Y为14，即可完成设置，如图5-70所示。

图5-69 设置相应参数　　　　图5-70 设置相应参数

实例 082 通过功能添加"人物马赛克"

本实例效果如图5-71所示。

图5-71 通过功能添加"人物马赛克"特效

- ● **素　　材** | 素材\第5章\人物马赛克.mov
- ● **效　　果** | 效果\第5章\人物马赛克.VSP
- ● **视　　频** | 视频\第5章\实例082.mp4

┃ **操作步骤** ┃

01 在菜单栏中，单击【工具】菜单，在弹出的菜单列表中单击【运动追踪】命令，弹出【打开视频文件】对话框，在其中选择需要使用的视频文件，如图5-72所示。

02 单击【打开】按钮，弹出【运动追踪】对话框，在下方单击【设置多点跟踪器】按钮⊕和【应用/隐藏马赛克】按钮▨，在上方预览窗口中，通过拖曳4个红色控制柄的方式调整需要马赛克的范围，然后单击【运动追踪】按钮，如图5-73所示，即可完成"人物马赛克"特效的添加。

图5-72 选择需要使用的视频文件

图5-73 单击相应按钮

实例 083 通过变形快速解决"视频水印"

本实例效果如图5-74所示。

图5-74 通过变形快速解决"视频水印"

● **素　　材**┃素材\第5章\绿色记忆.mpg

● **效　　果**┃效果\第5章\绿色记忆.VSP

● **视　　频**┃视频\第5章\实例083.mp4

┃ **操作步骤** ┃

01 进入会声会影编辑器，在视频轨中插入一段视频素材，如图5-75所示。

02 选择视频素材，切换至【属性】选项面板中，选中【变形素材】复选框，在预览窗口中，拖动控制柄，调整素材大小，即可去除水印，如图5-76所示。

图5-75 插入一段视频素材

图5-76 调整素材大小

实例 084　通过滤镜遮盖视频"Logo标志"

本实例效果如图5-77所示。

图5-77 通过滤镜遮盖视频"Logo标志"

- ● 素　材 | 素材\第5章\绘画春天.mpg
- ● 效　果 | 效果\第5章\绘画春天.VSP
- ● 视　频 | 视频\第5章\实例084.mp4

▌ 操作步骤 ▌

01 进入会声会影编辑器，在时间轴面板中插入本书配套资源中的【素材\第5章\绘画春天.mpg】视频素材，如图5-78所示。

02 选择视频轨中的素材，单击鼠标右键，在弹出的快捷菜单中选择【复制】选项，复制视频到覆叠轨中，如图5-79所示。

图5-78 插入一段视频素材

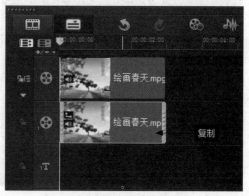

图5-79 复制视频到覆叠轨

03 在预览窗口中的覆叠素材上单击鼠标右键，在弹出的快捷菜单中选择【调整到屏幕大小】选项，如图5-80所示。

04 在【滤镜】素材库中单击窗口上方的【画廊】按钮，在弹出的列表框中选择【二维映射】选项，在【二维映射】滤镜组中，选择【修剪】滤镜效果，如图5-81所示，单击鼠标左键并拖曳至覆叠轨中的视频素材上方，添加【修剪】滤镜。

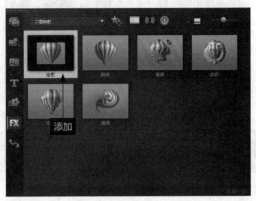

图5-80 选择【调整到屏幕大小】选项　　　　　　　图5-81 添加【修剪】滤镜

05 在【属性】选项面板中单击【自定义滤镜】按钮，弹出【修剪】对话框，设置【宽度】为10，【高度】为40，并设置区间位置，选择第一个关键帧单击鼠标右键，在弹出的快捷菜单中选择【复制】选项，选择最后的关键帧并单击鼠标右键，在弹出的快捷而菜单中，选择【粘贴】选项，设置完成后，单击【确定】按钮，如图5-82所示。

图5-82 单击【确定】按钮

06 在【属性】选项面板中，单击【遮罩和色度键】按钮，选中【应用覆叠选项】复选框，设置【类型】为【色度键】，设置【透明度】为0，如图5-83所示。

07 在预览窗口中，拖曳覆叠素材至合适位置，即可无痕迹隐藏视频水印，如图5-84所示。

图5-83 设置【透明度】为0　　　　　　　图5-84 拖曳覆叠素材至合适位置

第 **06** 章

制作视频转场特效

在会声会影X9中，从某种角度来说，转场就是一种特殊的滤镜效果，可以在两个图像或视频素材之间创建某种过渡效果，使视频更具吸引力。本章主要介绍制作视频转场特效的操作方法。

6.1 转场效果基本操作

在会声会影X9中，图像或视频片段之间若直接切换，会显得比较生硬，而添加转场效果后，可以使图像或视频过渡自然流畅。本节主要介绍转场效果的基本操作方法。

实例 085	通过自动添加转场制作"字母"

本实例效果如图6-1所示。

图6-1 通过自动添加转场制作"字母"

- 素　　材┃素材\第6章\字母1.jpg、字母2.jpg
- 效　　果┃效果\第6章\字母.VSP
- 视　　频┃视频\第6章\实例085.mp4

┃ 操作步骤 ┃

01 进入会声会影编辑器，执行菜单栏中的【设置】|【参数选择】命令，如图6-2所示。

02 弹出【参数选择】对话框，如图6-3所示。

03 切换至【编辑】选项卡，选中【自动添加转场效果】复选框，如图6-4所示。

04 单击【确定】按钮，返回会声会影编辑器。在时间轴中插入两幅本书配套资源中的【素材\第6章\字母1jpg、字母2jpg】素材图像，如图6-5所示。执行上述操作后，即可自动添加转场效果。

图6-2 单击【参数选择】命令

图6-3 【参数选择】对话框

图6-4 选中【自动添加转场效果】复选框

图6-5 插入两幅素材图像

实 例
086
通过手动添加转场制作"户外广告"

本实例效果如图6-6所示。

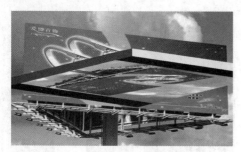

图6-6 通过手动添加转场制作"户外广告"

- **素 材 |** 素材\第6章\户外广告1.jpg、户外广告2.jpg
- **效 果 |** 效果\第6章\户外广告.VSP
- **视 频 |** 视频\第6章\实例086.mp4

┃ 操作步骤 ┃

01 进入会声会影编辑器,在故事板中插入两幅本书配套资源中的【素材\第6章\户外广告1.jpg、户外广告2.jpg】素材图像,如图6-7所示。

02 单击【转场】按钮,切换至【转场】选项卡。单击窗口上方的【画廊】按钮,在弹出的列表框中选择【3D】选项,如图6-8所示。

图6-7 插入两幅素材图像　　　　　　　图6-8 选择【3D】选项

03 在3D素材库中,选择【飞行木板】转场效果,如图6-9所示。

04 单击鼠标左键并拖曳至故事板中的两幅图像素材之间,即可添加【飞行木板】转场效果,如图6-10所示。单击【播放】按钮,可预览转场效果。

图6-9 选择【飞行木板】转场效果　　　图6-10 添加【飞行木板】转场效果

实例 087 通过应用当前效果制作"爱心"

本实例效果如图6-11所示。

图6-11 通过应用当前效果制作"爱心"

- **素   材** | 素材\第6章\爱心1、爱心2.jpg
- **效   果** | 效果\第6章\爱心.VSP
- **视   频** | 视频\第6章\实例087.mp4

操作步骤

01 进入会声会影编辑器,在故事板中插入两幅本书配套资源中的【素材\第6章\爱心1.jpg、爱心2.jpg】素材图像,如图6-12所示。

02 单击【转场】按钮,切换至【转场】选项卡。单击窗口上方的【画廊】按钮,在弹出的列表框中选择【过滤】选项,如图6-13所示。

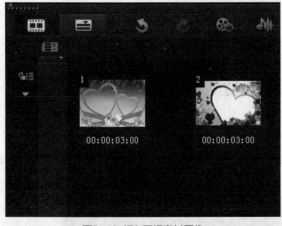 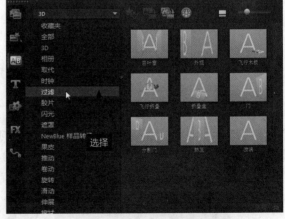

图6-12 插入两幅素材图像   图6-13 选择【过滤】选项

03 在【过滤】素材库中,选择【喷出】转场效果,如图6-14所示,单击【对视频轨应用当前效果】按钮。

04 执行上述操作后,即可在视频素材之间添加【喷出】转场效果,如图6-15所示。单击【播放】按钮,可预览转场效果。

图6-14　选择【喷出】转场效果

图6-15　添加【喷出】转场效果

实例 088 通过应用随机效果制作"电影画面"

本实例效果如图6-16所示。

图6-16　通过应用随机效果制作"电影画面"

● **素　　材**┃素材\第6章\电影画面（1）.jpg、电影画面（2）.jpg
● **效　　果**┃效果\第6章\电影画面.VSP
● **视　　频**┃视频\第6章\实例088.mp4

┃操作步骤┃

01 进入会声会影编辑器，在故事板中插入两幅本书配套资源中的【素材\第6章\电影画面（1）.jpg、电影画面（2）.jpg】素材图像，如图6-17所示。

02 单击【转场】按钮，切换至【转场】选项卡。单击窗口上方的【对视频轨应用随机效果】按钮，如图6-18所示，即可在图像素材之间添加随机转场效果。

图6-17　插入两幅素材图像

图6-18　单击相应按钮

实例 089 通过替换转场效果制作"迷人风景"

本实例效果如图6-19所示。

图6-19 通过替换转场效果制作"迷人风景"

- 素　　材｜素材\第6章\迷人风景.VSP
- 效　　果｜效果\第6章\迷人风景.VSP
- 视　　频｜视频\第6章\实例089.mp4

┤操作步骤├

01 进入会声会影编辑器，打开本书配套资源中的【素材\第6章\迷人风景.VSP】项目文件，如图6-20所示。

02 切换至【转场】选项卡，单击素材库上方的【画廊】按钮，在弹出的列表框中选择【时钟】选项，如图6-21所示。

图6-20 打开项目文件　　　　　　　　　　图6-21 选择【时钟】选项

03 在【时钟】素材库中，选择【扭曲】转场效果，如图6-22所示。

04 单击鼠标左键并拖曳至视频轨中的两幅图像素材之间，替换之前添加的转场效果，如图6-23所示。单击【播放】按钮，即可预览转场效果。

图6-22　选择【扭曲】转场效果

图6-23　替换转场效果

实例 090　通过设置转场边框制作"大海"

本实例效果如图6-24所示。

图6-24　通过设置转场边框制作"大海"

- 素　　材┃素材\第6章\大海.VSP
- 效　　果┃效果\第6章\大海.VSP
- 视　　频┃视频\第6章\实例090.mp4

┃**操作步骤**┃

01 进入会声会影编辑器，打开本书配套资源中的【素材\第6章\大海.VSP】项目文件，选择需要设置边框的转场效果，如图6-25所示。

02 单击【选项】按钮，打开【转场】选项面板，在其中设置【边框】为2，【色彩】为第1排第2个，如图6-26所示。单击【播放】按钮，即可预览设置边框后的转场效果。

图6-25　选择转场效果

图6-26　设置相应参数

在【转场】选项面板中，各主要选项的含义如下。

● 【区间】数值框：该数值框用于调整转场播放时间的长度，显示了当前播放所选转场所需的时间。时间码上的数字代表【小时：分钟：秒钟：帧】，单击其右侧的微调按钮，可以调整数值的大小；也可以单击时间码上的数字，待数字处于闪烁状态时，输入新的数字后按【Enter】键确认，即可改变原来视频转场的播放时间长度。

● 【边框】数值框：在【边框】右侧的数值框中，用户可以输入相应的数值，来改变边框的宽度；单击其右侧的微调按钮，也可以调整数值的大小。

● 【色彩】色块：单击【色彩】右侧的色块按钮，在弹出的颜色面板中，用户可根据需要改变转场边框的颜色。

● 【柔化边缘】按钮：该选项右侧有4个按钮，代表转场的4种柔化边缘程度。用户可根据需要单击按钮，设置相应的柔化边缘效果。

● 【方向】按钮：单击【方向】选项区中的按钮，可以决定转场效果的播放方向。

6.2 转场案例精彩制作

会声会影X9提供的转场效果可以实现素材之间的平滑过渡，使视频播放更加流畅、自然。在会声会影X9中包括相册、过滤和旋转等多种类型。不过在制作视频影片时需要注意，过多使用转场效果反而可能破坏影片的美观。本节主要介绍制作精彩转场案例的操作方法。

实例 091 通过交叉淡化制作"向日葵"

本实例效果如图6-27所示。

图6-27 通过交叉淡化制作"向日葵"

● 素　　材┃素材\第6章\向日葵1、向日葵2.jpg
● 效　　果┃效果\第6章\向日葵.VSP
● 视　　频┃视频\第6章\实例091.mp4

┃操作步骤┃

01 进入会声会影编辑器，在故事板中插入两幅本书配套资源中的【素材\第6章\向日葵1.jpg、向日葵2.jpg】素材图像，如图6-28所示。

02 在【转场】素材库的【过滤】转场中，选择【交叉淡化】转场效果。单击鼠标左键并将其拖曳至故事板中的两幅图像素材之间，即可添加【交叉淡化】转场效果，如图6-29所示。

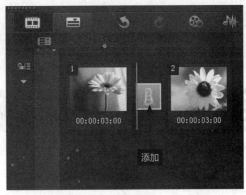

图6-28 插入两幅素材图像　　　　　图6-29 添加【交叉淡化】转场效果

通过剥落拉链制作"创意"

本实例效果如图6-30所示。

图6-30 通过剥落拉链制作"创意"

- ● 素　　材┃素材\第6章\创意1.jpg、创意2.jpg
- ● 效　　果┃效果\第6章\创意.VSP
- ● 视　　频┃视频\第6章\实例092.mp4

──┃ **操作步骤** ┃──

01 进入会声会影编辑器，在故事板中插入两幅本书配套资源中的【素材\第6章\创意1.jpg、创意2.jpg】素材图像，如图6-31所示。

02 在【果皮】素材库中，选择【拉链】转场效果，单击鼠标左键并将其拖曳至故事板中的两幅图像素材之间，即可添加【拉链】转场效果，如图6-32所示。

图6-31 插入两幅素材图像　　　　　图6-32 添加【拉链】转场效果

提示

在会声会影 X9 中,选择故事板中添加的【拉链】转场效果。在【转场】选项面板中,用户还可以根据需要设置转场效果的边框、颜色以及运动方向等属性。

实 例 093 通过三维开门制作"精美饰品"

本实例效果如图6-33所示。

图6-33 通过三维开门制作"精美饰品"

● 素　　材┃素材\第6章\精美饰品1.jpg、精美饰品2.jpg

● 效　　果┃效果\第6章\精美饰品.VSP

● 视　　频┃视频\第6章\实例093.mp4

┃操作步骤┃

01 进入会声会影编辑器,在故事板中插入两幅本书配套资源中的【素材\第6章\精美饰品1.jpg、精美饰品2.jpg】素材图像,如图6-34所示。

02 在【转场】素材库的3D转场中,选择【对开门】转场效果。单击鼠标左键并将其拖曳至故事板中的两幅图像素材之间,即可添加【对开门】转场效果,如图6-35所示。

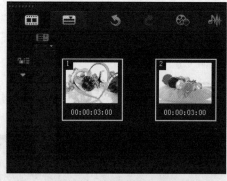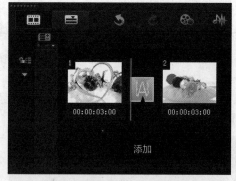

图6-34 插入两幅素材图像　　　　　　　图6-35 添加【对开门】转场效果

实 例 094 通过百叶窗制作"色彩"

本实例效果如图6-36所示。

图6-36　通过百叶窗制作"色彩"

- ● 素　　材｜素材\第6章\色彩1.jpg、色彩2.jpg
- ● 效　　果｜效果\第6章\色彩.VSP
- ● 视　　频｜视频\第6章\实例094.mp4

┃操作步骤┃

01 进入会声会影编辑器，在故事板中插入两幅本书配套资源中的【素材\第6章\色彩1.jpg、色彩2.jpg】素材图像，如图6-37所示。

02 在【转场】素材库的3D转场中，选择【百叶窗】转场效果。单击鼠标左键并将其拖曳至故事板中的两幅图像素材之间，即可添加【百叶窗】转场效果，如图6-38所示。

图6-37　插入两幅素材图像　　　　　　　图6-38　添加【百叶窗】转场效果

实　例
095　通过漂亮闪光制作"绿色盆栽"

本实例效果如图6-39所示。

图6-39　通过漂亮闪光制作"绿色盆栽"

- 素　　材 | 素材\第6章\绿色盆栽1.jpg、绿色盆栽2.jpg
- 效　　果 | 效果\第6章\绿色盆栽.VSP
- 视　　频 | 视频\第6章\实例095.mp4

┨ 操作步骤 ┠

01 进入会声会影编辑器，在故事板中插入两幅本书配套资源中的【素材\第6章\绿色盆栽1.jpg、绿色盆栽2.jpg】素材图像，如图6-40所示。

02 在【转场】素材库的【闪光】转场中，选择【闪光】转场效果，单击鼠标左键并将其拖曳至故事板中的两幅图像素材之间，即可添加【闪光】转场效果，如图6-41所示。

图6-40 插入两幅素材图像

图6-41 添加【闪光】转场效果

实例 096　通过遮罩效果制作"汽车广告"

本实例效果如图6-42所示。

图6-42 通过遮罩效果制作"汽车广告"

- 素　　材 | 素材\第6章\汽车广告1.jpg、汽车广告2.jpg
- 效　　果 | 效果\第6章\汽车广告.VSP
- 视　　频 | 视频\第6章\实例096.mp4

┨ 操作步骤 ┠

01 进入会声会影编辑器，在故事板中插入两幅本书配套资源中的【素材\第6章\汽车广告1.jpg、汽车广告2.jpg】素材图像，如图6-43所示。

02 在【转场】素材库的【遮罩】转场中，选择【遮罩F】转场效果。单击鼠标左键并将其拖曳至故事板中的两幅图像素材之间，即可添加【遮罩F】转场效果，如图6-44所示。

提示

在【转场】素材库的【遮罩】转场中，用户还可以根据需要选择【遮罩 A】、【遮罩 B】等遮罩样式效果，然后添加至素材图像之间。

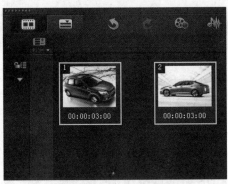

图6-43　插入两幅素材图像　　　　　　　图6-44　添加【遮罩F】转场效果

实例
097
通过多条彩带制作"高级跑车"

本实例效果如图6-45所示。

图6-45　通过多条彩带制作"高级跑车"

- **素　　材** | 素材\第6章\高级跑车1.jpg、高级跑车2.jpg
- **效　　果** | 效果\第6章\高级跑车.VSP
- **视　　频** | 视频\第6章\实例097.mp4

操作步骤

01 进入会声会影编辑器，在故事板中插入两幅本书配套资源中的【素材\第6章\高级跑车1.jpg、高级跑车2.jpg】素材图像，如图6-46所示。

02 在【转场】素材库的【滑动】转场中，选择【条带】转场效果。单击鼠标左键并将其拖曳至故事板中的两幅图像素材之间，即可添加【条带】转场效果，如图6-47所示。

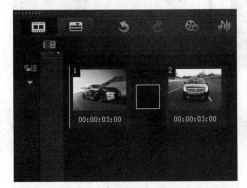

图6-46　插入两幅素材图像　　　　　　　图6-47　添加【条带】转场效果

通过3D自动翻页制作"郎才女貌"

本实例效果如图6-48所示。

图6-48 通过3D自动翻页制作"郎才女貌"

● 素　　材┃素材\第6章\郎才女貌1.jpg、郎才女貌2.jpg

● 效　　果┃效果\第6章\郎才女貌.VSP

● 视　　频┃视频\第6章\实例098.mp4

操作步骤

01 进入会声会影编辑器，在故事板中插入两幅本书配套资源中的【素材\第6章\郎才女貌1.jpg、郎才女貌2.jpg】素材图像，在【转场】素材库的【相册】转场中，选择【翻转】转场效果，单击鼠标左键并将其拖曳至两幅素材图像之间，添加【翻转】转场效果，如图6-49所示。

02 在【转场】选项面板中，设置【区间】为0:00:02:00，设置完成后，单击【自定义】按钮，弹出【翻转-相册】对话框，选择布局为第1个样式，【相册封面模版】为第4个样式，切换至【背景和阴影】选项卡，选择背景模版为第2个样式，切换至【页面A】选项卡，选择【相册页面模版】为第3个样式，切换至【页面B】选项卡，选择【相册页面模版】为第3个样式，设置完成后单击【确定】按钮，如图6-50所示。

图6-49 添加【翻转】转场效果

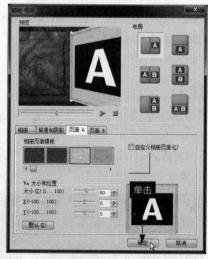

图6-50 单击【确定】按钮

通过视频立体感运动制作"音乐频道"

本实例效果如图6-51所示。

图6-51 通过视频立体感运动制作"音乐频道"

- ● 素　　材 | 素材\第6章\音乐频道1.jpg、音乐频道2.jpg
- ● 效　　果 | 效果\第6章\音乐频道.VSP
- ● 视　　频 | 视频\第6章\实例099.mp4

┃ 操作步骤 ┃

01 进入会声会影编辑器，在故事板中插入两幅本书配套资源中的【素材\第6章\音乐频道1.jpg、音乐频道2.jpg】素材图像，在【NewBlue样品转场】素材库中，选择【3D比萨饼盒】转场效果，单击鼠标左键并将其拖曳至故事板中的两幅图像素材之间，添加【3D比萨饼盒】转场效果，如图6-52所示。

02 在【转场】选项面板中，单击【自定义】按钮，弹出【NewBlue 3D 比萨饼盒】对话框，在下方选择【立方体上】运动效果，单击【确定】按钮，即可完成设置，如图6-53所示。

图6-52 添加【3D比萨饼盒】转场效果　　　　图6-53 选择【立方体上】运动效果

07

第 **07** 章

制作视频覆叠特效

运用会声会影X9中的覆叠功能，用户在编辑视频的过程中可以有更多的表现方式。在覆叠轨中可以添加图像或视频等素材，覆叠功能可以令视频轨上的视频与图像相互交织，组合出各式各样的视觉效果。本章主要介绍视频覆叠特效的制作方法。

7.1 覆叠效果基本操作

所谓覆叠功能，是会声会影X9提供的一种视频编辑方法。将视频添加到时间轴面板的覆叠轨之后，可以对视频素材进行淡入淡出、进入退出以及停靠位置等设置，从而产生视频叠加的效果。本节主要介绍覆叠效果的基本操作方法。

实例 100 通过添加覆叠素材制作"爱情誓言"

本实例效果如图7-1所示。

图7-1 通过添加覆叠素材制作"爱情誓言"

- 素　　材 | 素材\第7章\爱情誓言.jpg、爱情誓言.png
- 效　　果 | 效果\第7章\幸爱情誓言.VSP
- 视　　频 | 视频\第7章\实例100.mp4

▌ 操作步骤 ▐

01 进入会声会影编辑器，在视频轨中插入本书配套资源中的【素材\第7章\爱情誓言.jpg】素材图像，如图7-2所示。

02 在覆叠轨中的适当位置单击鼠标右键，在弹出的快捷菜单中选择【插入照片】选项，如图7-3所示。

图7-2 插入素材图像　　　　　　　　　图7-3 选择【插入照片】选项

03 弹出【浏览照片】对话框，在其中选择照片【爱情誓言.png】，如图7-4所示。

04 单击【打开】按钮，即可在覆叠轨中添加相应的覆叠素材，如图7-5所示。在预览窗口中，调整素材的大小和位置，即可预览覆叠效果。

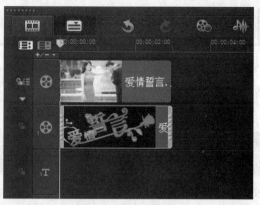

图7-4 选择照片素材　　　　　　　　　图7-5 添加覆叠素材

实例 **101** 通过调整覆叠大小制作"万众瞩目"

本实例效果如图7-6所示。

图7-6 通过调整覆叠大小制作"万众瞩目"

- 素　　材┃素材\第7章\墙画.jpg、紫色.jpg
- 效　　果┃效果\第7章\万众瞩目.VSP
- 视　　频┃视频\第7章\实例101.mp4

┃操作步骤┃

01 进入会声会影编辑器，在视频轨和覆叠轨中插入两幅本书配套资源中的【素材\第7章\墙画.jpg、紫色.jpg】素材图像，如图7-7所示。

02 在预览窗口中，将鼠标移至覆叠素材四周的控制柄上，如图7-8所示。单击鼠标左键并拖曳，至合适位置后释放鼠标，即可调整覆叠素材的大小，然后通过拖曳的方式调整覆叠素材的位置。

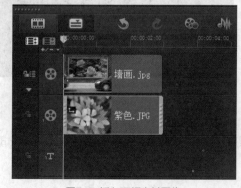

图7-7 插入两幅素材图像　　　　　　　　图7-8 调整素材大小

实 例 102　通过调整覆叠边框制作"天长地久"

本实例效果如图7-9所示。

图7-9　通过调整覆叠边框制作"天长地久"

- ● **素　　材**｜素材\第7章\天长地久.jpg、背景画面.jpg
- ● **效　　果**｜效果\第7章\天长地久.VSP
- ● **视　　频**｜视频\第7章\实例102.mp4

┃操作步骤┃

01 进入会声会影编辑器，在视频轨和覆叠轨中插入两幅本书配套资源中的【素材\第7章\背景画面.jpg、天长地久.jpg】素材图像，如图7-10所示。

02 在预览窗口中，调整覆叠素材的位置和大小，如图7-11所示。

图7-10　插入两幅素材图像　　　　　　　图7-11　调整位置和大小

03 单击【选项】按钮，打开【属性】选项面板，然后单击【遮罩和色度键】按钮，如图7-12所示。

04 弹出相应选项面板，在【边框】数值框中输入数值4，如图7-13所示。执行上述操作后，即可完成边框的设置，在预览窗口中预览覆叠效果。

图7-12　单击【遮罩和色度键】按钮　　　　图7-13　输入数值4

在【属性】选项面板中，各主要选项的含义如下。

● 【遮罩和色度键】按钮：单击该按钮，在弹出的选项面板中可以设置覆叠素材的透明度、边框、色度键类型和相似度等。

● 【对齐选项】按钮：单击该按钮，在弹出的列表框中可以设置当前视频的位置以及视频对象的宽高比。

● 【替换上一个滤镜】复选框：选中该复选框，新的滤镜将替换原来的滤镜效果，并应用到素材上。若需要在素材中应用多个滤镜效果，则可取消选中该复选框。

● 【自定义滤镜】按钮：单击该按钮，可根据需要 对当前添加的滤镜进行自定义设置。

● 【进入】、【退出】选项组：在该选项组中单击相应按钮，可以设置覆叠素材的进入动画和退出动画效果。

● 【暂停区间前旋转】按钮：单击该按钮，可设置覆叠素材在暂停区间前进行旋转。

● 【暂停区间后旋转】按钮：单击该按钮，可设置覆叠素材在暂停区间后进行旋转。

● 【淡入动画效果】按钮：单击该按钮，可将淡入效果添加到当前素材中，淡入效果使素材的不透明度从零开始逐渐增大。

● 【淡出动画效果】按钮：单击该按钮，可将淡出效果添加到当前素材中，淡出效果使素材的不透明度从正常值逐渐减小为零。

● 【显示网格线】复选框：选中该复选框，可以在视频中添加网格线。

● 【网格线选项】按钮：单击该按钮，可以在弹出的【网格线选项】对话框中设置网格线的相应参数。

在【属性】选项面板中，单击【遮罩和色度键】按钮。弹出相应的选项面板，其中各选项的含义如下。

● 透明度：设置素材的透明度。拖曳滑动条或输入数值，可以调整透明度。

● 边框：输入数值，可以设置边框的厚度。单击右侧的【边框色彩】色块，可以选择边框的颜色。

● 应用覆叠选项：选中该复选框，可以指定覆叠素材将被渲染的透明程度。

● 类型：选择是否在覆叠素材上应用预设的遮罩，或指定要渲染为透明的颜色。

● 相似度：指定要渲染为透明的色彩选择范围。单击【相似度】右侧的色彩框■，可以选择要渲染为透明的颜色；单击【吸管】按钮■，可以在覆叠素材中吸取色彩。

● 宽度和高度：可设置要修剪素材的宽度和高度。

实例 103 通过调整覆叠区间制作"浪漫情缘"

● 素　　材 ┃ 素材\第7章\浪漫情缘.VSP

● 效　　果 ┃ 效果\第7章\浪漫情缘.VSP

● 视　　频 ┃ 视频\第7章\实例103.mp4

┃ 操作步骤 ┃

01 进入会声会影编辑器，打开本书配套资源中的【素材\第7章\浪漫情缘.VSP】项目文件，如图7-14所示。

02 在覆叠轨中，选择需要调整区间的素材图像【浪漫.jpg】，如图7-15所示。

图7-14 打开项目文件

图7-15 选择素材图像

03 单击【选项】按钮，打开【编辑】选项面板，在【照片区间】数值框中，输入区间数值0:00:05:00，并按【Enter】键确认，如图7-16所示。

04 执行上述操作后，即可调整覆叠素材的区间长度，效果如图7-17所示。

图7-16 输入区间数值

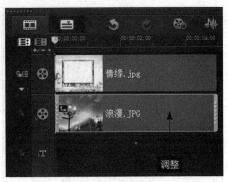

图7-17 调整素材区间

在【编辑】选项面板中，各主要选项的含义如下。

● 照片区间：该数值框用于调整覆叠素材的长度，显示了当前照片的长度，时间码上的数字代表【小时:分钟:秒钟:帧】。单击其右侧的微调按钮，可以调整数值的大小；还可以单击时间码上的数字，待数字处于闪烁状态时，输入新的数字后按【Enter】键确认，也可改变原来照片的长度。

● 旋转按钮：单击左边按钮，可以将照片素材逆时针旋转90°；单击右边按钮，可以将照片素材顺时针旋转90°。

● 色彩校正：单击该按钮，在打开的相应选项面板中拖曳滑块，即可对照片的原色调、饱和度、亮度以及对比度等进行设置。

● 应用摇动和缩放：选中该复选框，可以为照片应用摇动和缩放效果。单击下三角按钮，可以选择摇动和缩放的动画样式。单击【自定义】按钮，可以自定义摇动和缩放样式。

实例 104 通过设置覆叠透明度制作"真爱永恒"

本实例效果如图7-18所示。

图7-18 通过设置覆叠透明度制作"真爱永恒"

● 素　　材 | 素材\第7章\真爱永恒.jpg、爱心.jpg
● 效　　果 | 效果\第7章\真爱永恒.VSP
● 视　　频 | 视频\第7章\实例104.mp4

┃操作步骤┃

01 进入会声会影编辑器，在视频轨和覆叠轨中插入两幅本书配套资源中的【素材\第7章\真爱永恒.jpg、爱心.jpg】素材图像，如图7-19所示。

02 在预览窗口中调整覆叠素材的大小和位置，打开【属性】选项面板，单击【遮罩和色度键】按钮。弹出相应选项面板，在【透明度】数值框中输入70；选中【应用覆叠选项】复选框，单击【覆叠遮罩的色彩】色块，选择红色，如图7-20所示，即可调整覆叠素材的透明度。

图7-19 插入两幅素材图像

图7-20 设置相应参数

7.2 制作覆叠路径动画

　　在会声会影X9中，新增了一项路径动画功能。使用软件自带的路径动画，可以制作视频的画中画效果，从而增强视频的感染力。本节主要介绍设置素材运动方式的操作方法。

实例 105 通过导入路径制作"玻璃酒杯"

- **素　　材** | 素材\第7章\玻璃酒杯.jpg
- **效　　果** | 效果\第7章\玻璃酒杯.VSP
- **视　　频** | 视频\第7章\实例105.mp4

操作步骤

01 进入会声会影编辑器，在覆叠轨中插入本书配套资源中的【素材\第7章\玻璃酒杯.jpg】素材图像，如图7-21所示。

02 单击【路径】按钮，切换至【路径】选项卡，单击上方的【导入路径】按钮，如图7-22所示。

图7-21 插入素材图像

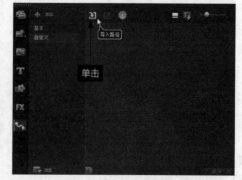

图7-22 单击【导入路径】按钮

03 执行操作后，弹出【浏览】对话框，用户可以根据需要选择要导入的路径文件，如图7-23所示。

04 单击【打开】按钮，即可将路径文件导入【路径】面板中，如图7-24所示。

图7-23 选择要导入的路径　　　　　　图7-24 显示导入的路径文件

05 在打开的路径图标上单击鼠标左键，并拖曳至覆叠轨中的素材图像上，如图7-25所示。

06 单击【播放】按钮，即可预览导入的路径效果，如图7-26所示。

图7-25 选择相应文件　　　　　　图7-26 预览导入的路径效果

实 例 106　通过添加路径制作"仰望远方"

本实例效果如图7-27所示。

图7-27 通过添加路径制作"仰望远方"

- 素　　材 | 素材\第7章\天空.jpg
- 效　　果 | 效果\第7章\仰望远方.VSP
- 视　　频 | 视频\第7章\实例104.mp4

操作步骤

01 进入会声会影编辑器，在视频轨中插入本书配套资源中的【素材\第7章\天空.jpg】素材图像，如图7-28所示。

02 单击【图形】按钮，切换至【图形】选项卡，选择图形样式【OB-16】，如图7-29所示。

03 在选择的图形样式图标上，单击鼠标左键并拖曳至覆叠轨中的合适位置，如图7-30所示。

04 单击【路径】按钮，切换至【路径】选项卡，选择路径运动效果【P04】，如图7-31所示，单击鼠标左键并拖曳至覆叠轨中的素材上，执行上述操作后，即可完成添加路径制作。

图7-28 插入素材图像

图7-29 选择图形样式【OB-16】

图7-30 拖曳图形样式【OB-16】

图7-31 选择路径运动效果【P04】

实例 107 通过自定义路径制作"城市美景"

本实例效果如图7-32所示。

图7-32 通过自定义路径制作"城市美景"

● **素　　材**┃素材\第7章\城市美景.jpg
- -
● **效　　果**┃效果\第7章\城市美景.VSP
- -
● **视　　频**┃视频\第7章\实例107.mp4
- -

┃操作步骤┃

01 进入会声会影编辑器，打开本书配套资源中的【素材\第7章\城市美景.jpg】素材图像，如图7-33所示。

02 单击【图形】按钮，切换至【图形】选项卡，选择动画样式【FL-F03】，在选择的动画样式图标上，单击鼠标左键并拖曳至覆叠轨中的合适位置，如图7-34所示。

图7-33 插入素材图像

图7-34 添加图形样式【FL-F03】

7.3 覆叠案例精彩制作

在会声会影X9中，覆叠有多种编辑方式，可以设置覆叠素材的遮罩效果或者设置透空叠加方式，如样式透空叠加、透明叠加、滤镜叠加以及Flash动画叠加等，添加相应效果可以令制作的视频作品更具美观性。本节主要介绍制作精彩覆叠案例的操作方法。

实例 108 通过水流旋转效果制作"白衣女侠"

本实例效果如图7-35所示。

图7-35 通过水流旋转效果制作"白衣女侠"

- ● 素　　材┃素材\第7章\白衣女侠.VSP
- ● 效　　果┃效果\第7章\白衣女侠.VSP
- ● 视　　频┃视频\第7章\实例108.mp4

┃操作步骤┃

01 进入会声会影编辑器，打开本书配套资源中的【素材\第7章\白衣女侠.VSP】项目文件，并预览项目，如图7-36所示。

02 选择第一个覆叠素材，如图7-37所示。

图7-36 预览项目效果　　　　　　　　　　图7-37 选择第一个覆叠素材

03 在【属性】选项面板中，单击【遮罩和色度键】按钮，如图7-38所示。

04 进入相应选项面板，选中【应用覆叠选项】复选框，如图7-39所示。

05 设置【类型】为【遮罩帧】，如图7-40所示。

06 在右侧选择【漩涡】预设样式，如图7-41所示。

图7-38 单击【遮罩和色度键】按钮

图7-39 选中【应用覆叠选项】复选框

图7-40 设置【类型】为【遮罩帧】

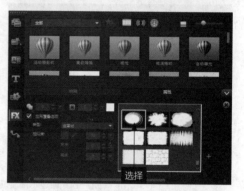

图7-41 选择【漩涡】预设样式

07 切换至【滤镜】选项卡，单击窗口上方的【画廊】按钮，如图7-42所示。

08 在弹出的列表框中选择【NewBlue视频精选Ⅱ】，如图7-43所示。

图7-42 单击窗口上方的【画廊】按钮

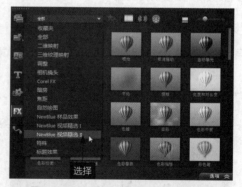

图7-43 选择【NewBlue视频精选Ⅱ】

09 打开【NewBlue视频精选Ⅱ】素材库，选择【画中画】滤镜，如图7-44所示。

10 单击鼠标左键并将其拖曳至覆叠轨1中的覆叠素材上，添加【画中画】滤镜效果，如图7-45所示。

图7-44 选择【画中画】滤镜

图7-45 添加【画中画】滤镜效果

11 在【属性】选项面板中单击【自定义滤镜】按钮，如图7-46所示。

12 弹出【NewBlue画中画】对话框，如图7-47所示。

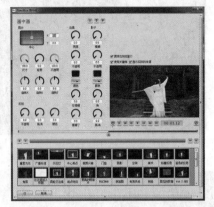

图7-46 单击【自定义滤镜】按钮　　　　　　　图7-47 弹出【NewBlue画中画】对话框

13 拖曳滑块到开始位置处，设置图像位置，X为0.0，Y为-100.0，如图7-48所示。

14 拖曳滑块到中间位置，选择【霓虹灯边境】选项，如图7-49所示。

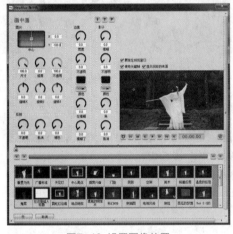
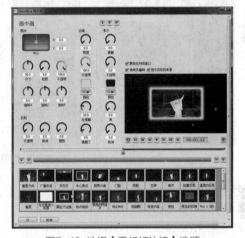

图7-48 设置图像位置　　　　　　　　　　　图7-49 选择【霓虹灯边境】选项

15 拖曳滑块到结束位置处，选择【侧面图】选项，设置图像位置X为100.0，Y为0.0，如图7-50所示。

16 设置完成后，单击【行】按钮，在预览窗口中预览覆叠效果，如图7-51所示。

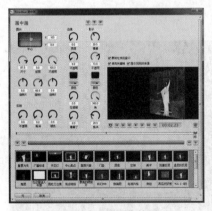

图7-50 设置图像位置　　　　　　　　　　　图7-51 在预览窗口中预览覆叠效果

17 选择第一个覆叠素材，单击鼠标右键，在弹出的快捷菜单中，选择【复制属性】选项，如图7-52所示。

18 选择其他素材，单击鼠标右键，在弹出的快捷菜单中选择【粘贴所有属性】选项，即可完成设置，如图7-53所示。

图7-52 选择【复制属性】选项

图7-53 选择【粘贴所有属性】选项

实例 109 通过相框画面移动制作"耳机广告"

本实例效果如图7-54所示。

图7-54 通过相框画面移动制作"耳机广告"

- 素　材┃素材\第7章\耳机广告.VSP
- 效　果┃效果\第7章\耳机广告.VSP
- 视　频┃视频\第7章\实例109.mp4

┃操作步骤┃

01 进入会声会影编辑器，打开本书配套资源中的【素材\第7章\耳机广告.VSP】项目文件，并预览项目，如图7-55所示。

02 选择第一个覆叠素材，如图7-56所示。

图7-55 预览项目效果

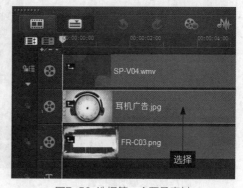

图7-56 选择第一个覆叠素材

03 在【属性】选项面板中，单击【遮罩和色度键】按钮，如图7-57所示。

04 进入相应选项面板，选中【应用覆叠选项】复选框，如图7-58所示。

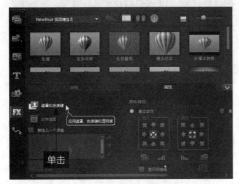 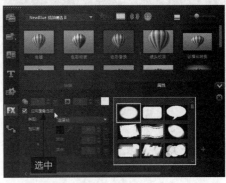

图7-57 单击【遮罩和色度键】按钮　　图7-58 选中【应用覆叠选项】复选框

05 设置【类型】为【遮罩帧】，如图7-59所示。
06 在右侧选择最后1排第2个预设样式，如图7-60所示。

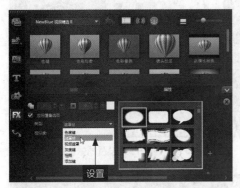 

图7-59 设置【类型】为【遮罩帧】　　图7-60 选择预设样式

07 切换至【滤镜】选项卡，单击窗口上方的【画廊】按钮，如图7-61所示。
08 在弹出的列表框中选择【NewBlue视频精选Ⅱ】选项，如图7-62所示。

 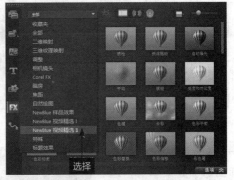

图7-61 单击窗口上方的【画廊】按钮　　图7-62 选择【NewBlue视频精选Ⅱ】选项

09 打开【NewBlue视频精选Ⅱ】素材库，选择【画中画】滤镜，如图7-63所示。
10 单击鼠标左键并将其拖曳至覆叠轨1中的覆叠素材上，添加【画中画】滤镜效果，如图7-64所示。
11 在【属性】选项面板中单击【自定义滤镜】按钮，如图7-65所示。
12 弹出【NewBlue画中画】对话框，拖曳滑块到开始位置处，设置图像位置，X为0.0、Y为-100.0，如图7-66所示。
13 拖曳滑块到中间位置，选择【阴影】选项，拖曳滑块到结束位置处，设置图像位置X为-100.0、Y为0，如图7-67所示。
14 设置完成后，单击【行】按钮，在预览窗口中预览覆叠效果，如图7-68所示。

图7-63 选择【画中画】滤镜

图7-64 添加【画中画】滤镜效果

图7-65 单击【自定义滤镜】按钮

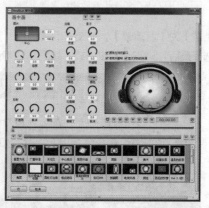

图7-66 设置图像位置

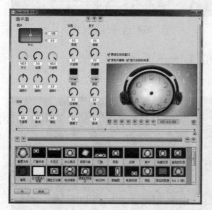

图7-67 设置图像位置

图7-68 预览覆叠效果

15 选择第一个覆叠素材，单击鼠标右键，在弹出的快捷菜单中，选择【复制属性】选项，如图7-69所示。

16 选择其他素材，单击鼠标右键，在弹出的快捷菜单中选择【粘贴所有属性】选项，如图7-70所示，即可完成设置。

图7-69 选择【复制属性】选项

图7-70 选择【粘贴所有属性】选项

实例 110 通过水面倒影效果制作"湖心孤舟"

本实例效果如图7-71所示。

图7-71 通过水面倒影效果制作"湖心孤舟"

● 素　　材｜素材\第7章\湖心孤舟.jpg

● 效　　果｜效果\第7章\湖心孤舟.VSP

● 视　　频｜视频\第7章\实例110.mp4

▌操作步骤 ▌

01 在时间轴面板中插入本书配套资源中的【素材\第7章\湖心孤舟.jpg】图像素材，切换至【滤镜】选项卡，选择并添加【画中画】滤镜，在【属性】选项面板中，单击【自定义滤镜】按钮，如图7-72所示。

02 弹出【画中画】对话框，在下方预设样式中，选择【温柔的反思】预设样式，如图7-73所示，设置完成后，单击【行】按钮，即可回到会声会影操作界面。

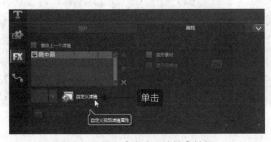

图7-72 单击【自定义滤镜】按钮　　　　图7-73 选择【温柔的反思】滤镜效果

> **提示**
>
> 在会声会影 X9 的遮罩样式下拉列表框中，为用户提供了多种遮罩样式，如圆角矩形、方形、枫叶、相机镜头以及多边形等遮罩效果，用户可根据需要进行相应的选择。

实例 111 通过电影胶片效果制作"演说比赛"

本实例效果如图7-74所示。

图7-74 通过电影胶片效果制作"演说比赛"

- **素　　材**┃素材\第7章\演说比赛.VSP
- **效　　果**┃效果\第7章\演说比赛..VSP
- **视　　频**┃视频\第7章\实例111.mp4

┃ 操作步骤 ┃

01 进入会声会影编辑器，打开本书配套资源中的【素材\第7章\演说比赛.VSP】项目文件，选择覆叠素材，在【属性】选项面板中，单击【遮罩和色度键】按钮，如图7-75所示。

02 进入相应选项面板，选中【应用覆叠选项】复选框，设置【类型】为【遮罩帧】，在其中选择【电影胶片】预设样式，如图7-76所示，执行上述操作后，即可完成电影胶片效果的制作。

图7-75 单击【遮罩和色度键】按钮　　　　　　　　图7-76 选择【电影胶片】预设样式

提示

在会声会影 X9 遮罩样式下拉列表框中，用户还可以根据需要单击右侧的【添加遮罩项】按钮，添加外部遮罩样式，然后再添加至覆叠轨中。

实例 112　通过立体展示效果制作"俏丽女孩"

本实例效果如图7-77所示。

图7-77　通过立体展示效果制作"俏丽女孩"

- **素　　材** | 素材\第7章\俏丽女孩.VSP
- **效　　果** | 效果\第7章\俏丽女孩.VSP
- **视　　频** | 视频\第7章\实例112.mp4

┨ 操作步骤 ┠

01 进入会声会影编辑器，打开本书配套资源中的【素材\第7章\俏丽女孩.VSP】项目文件，如图7-78所示。

02 选择覆叠轨2中的第一个覆叠素材，如图7-79所示。

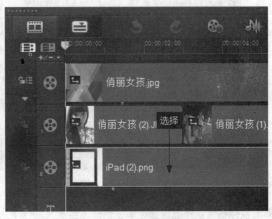

图7-78　打开一个项目文件　　　　　　　　　图7-79　选择相应素材

03 单击鼠标右键，在弹出的快捷菜单中选择【自定义动作】选项，如图7-80所示。

04 弹出【自定义动作】对话框，如图7-81所示。

图7-80 选择【自定义动作】选项

图7-81 弹出【自定义动作】对话框

05 选择开始位置处的关键帧，设置旋转Y为90，选择结束位置处的关键帧，如图7-82所示。

06 在【旋转】选项区中设置Y为-90，如图7-83所示。

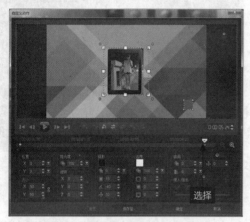

图7-82 选择结束位置处的关键帧

图7-83 在【旋转】选项区中设置Y为-90

07 设置完成后，单击【确定】按钮，如图7-84所示。

08 选择覆叠轨2右侧的覆叠素材，如图7-85所示。

图7-84 单击【确定】按钮

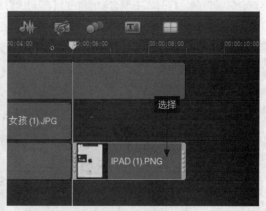

图7-85 选择覆叠素材

09 单击鼠标右键，弹出快捷菜单，选择【自定义动作】选项，如图7-86所示。

10 选择开始位置处的关键帧，如图7-87所示。

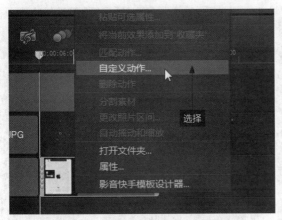

图7-86 选择【自定义动作】选项

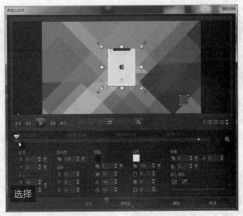

图7-87 选择开始位置处的关键帧

11 在【大小】选项区中设置X为50、Y为50，如图7-88所示。

12 在【旋转】选项区中设置Y为90，如图7-89所示。

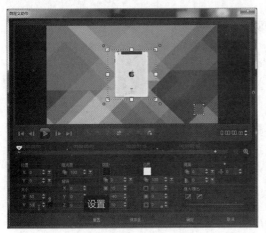

图7-88 设置【大小】参数

图7-89 设置【旋转】参数

13 选择结束位置处的关键帧，如图7-90所示。

14 在【大小】选项区中设置X为50、Y为50，如图7-91所示。

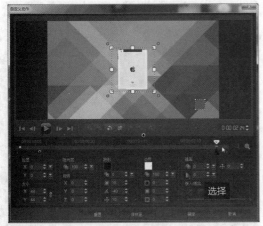

图7-90 选择结束位置处的关键帧

图7-91 设置【大小】参数

15 在【旋转】选项区中设置Y为0，如图7-92所示。

16 设置完成后，单击【确定】按钮，如图7-93所示。

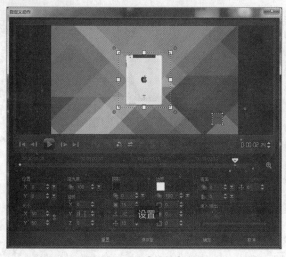

图7-92 设置【旋转】参数

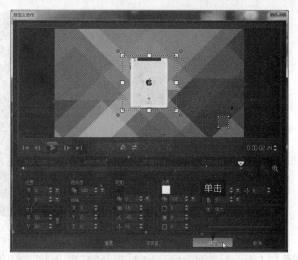

图7-93 单击【确定】按钮

17 选择覆叠轨1左侧的覆叠素材，如图7-94所示。

18 单击鼠标右键，弹出快捷菜单，选择【自定义动作】选项，如图7-95所示。

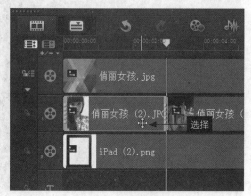

图7-94 选择覆叠素材

图7-95 选择【自定义动作】选项

19 选择开始位置处的关键帧，如图7-96所示。

20 在【大小】选项区中设置X为45，Y为45，如图7-97所示。

图7-96 选择开始位置处的关键帧

图7-97 设置参数

21 在【旋转】选项区中设置Y为90，如图7-98所示。

22 选择结束位置处的关键帧，如图7-99所示。

图7-98 设置【旋转】参数

图7-99 选择结束位置处的关键帧

23 在【大小】选项区中设置X为45，Y为45，如图7-100所示。

24 在【旋转】选项区中设置Y为0，如图7-101所示。

图7-100 设置参数

图7-101 设置参数

25 设置完成后，单击【确定】按钮，如图7-102所示。

26 选择覆叠轨1右侧的覆叠素材，如图7-103所示。

图7-102 单击【确定】按钮

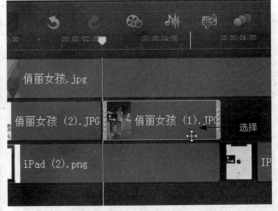

图7-103 选择相应素材

27 单击鼠标右键，在弹出的快捷菜单中选择【自定义动作】选项，如图7-104所示。

28 选择开始位置处的关键帧，如图7-105所示。

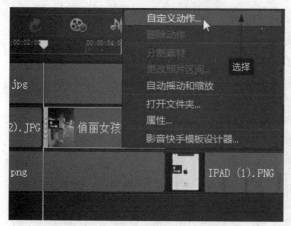

图7-104 选择【自定义动作】选项

图7-105 选择开始位置处的关键帧

29 在【大小】选项区中设置X为45，Y为45，如图7-106所示。

30 在【旋转】选项区中设置Y为0，如图7-107所示。

图7-106 设置参数

图7-107 设置【旋转】参数

31 选择结束位置处的关键帧，如图7-108所示。

32 在【大小】选项区中设置X为45，Y为45，如图7-109所示。

图7-108 选择结束位置处的关键帧

图7-109 设置参数

33 在【旋转】选项区中设置Y为-90，如图7-110所示。

34 执行操作后，单击【确定】按钮，即可完成特效的制作，在预览窗口中可以预览画面效果，如图7-111所示。

图7-110 设置【旋转】参数

图7-111 预览画面效果

实例 113　通过多画面转动动画制作"雍容华贵"

本实例效果如图7-112所示。

图7-112 通过多画面转动动画制作"雍容华贵"

- **素　材** | 素材\第7章\雍容华贵.VSP
- **效　果** | 效果\第7章\雍容华贵.VSP
- **视　频** | 视频\第7章\实例113.mp4

操作步骤

01 进入会声会影编辑器，打开本书配套资源中的【素材\第7章\雍容华贵.VSP】项目文件，如图7-113所示。

02 选择覆叠轨1中的素材，如图7-114所示。

图7-113 打开一个项目文件

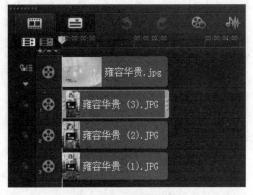
图7-114 选择覆叠素材

03 在【滤镜】素材库中选择【画中画】滤镜，如图7-115所示。

04 添加【画中画】滤镜，如图7-116所示。

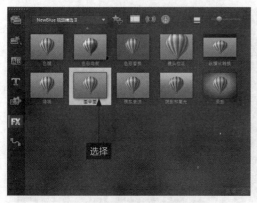

图7-115 选择【画中画】滤镜

图7-116 添加【画中画】滤镜

05 在【属性】选项面板中，单击【自定义滤镜】按钮，如图7-117所示。

06 弹出【NewBlue 画中画】对话框，如图7-118所示。

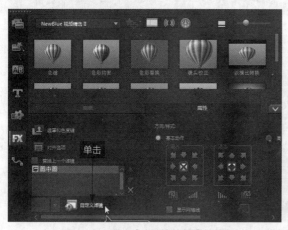

图7-117 单击【自定义滤镜】按钮

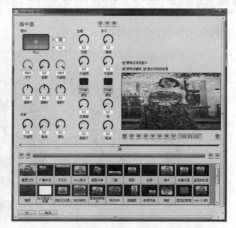

图7-118 弹出【NewBlue 画中画】对话框

07 拖动滑块到结尾关键帧位置处，设置【旋转】Y为360，如图7-119所示。

08 设置完成后，单击【行】按钮，如图7-120所示。

图7-119 设置【旋转】Y为360

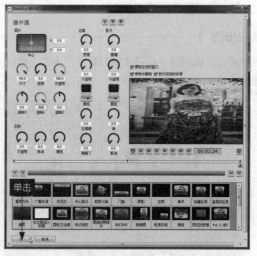

图7-120 单击【行】按钮

09 复制覆叠轨1中的素材文件属性，如图7-121所示。

10 选择覆叠轨2和覆叠轨3中的素材文件，单击鼠标右键，在弹出的快捷菜单中选择【粘贴可选属性】选项，如图7-122所示。

图7-121 复制属性

图7-122 选择【粘贴可选属性】选项

11 弹出【粘贴可选属性】对话框，如图7-123所示。

12 在其中取消选中【大小和变形】与【方向/样式/动作】复选框，如图7-124所示。

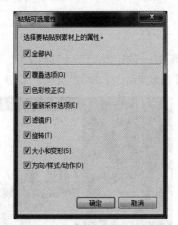

图7-123 弹出【粘贴可选属性】对话框

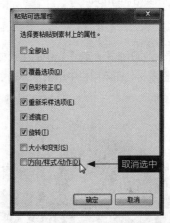

图7-124 取消选中相应复选框

13 单击【确定】按钮，如图7-125所示。

14 返回会声会影编辑器，可以在导览面板中预览画面效果，如图7-126所示。

图7-125 单击【确定】按钮

图7-126 预览画面效果

实例 114 通过镜头推拉效果制作"一吻定情"

本实例效果如图7-127所示。

图7-127 通过镜头推拉效果制作"一吻定情"

- ● 素　　材▏素材\第7章\一吻定情.VSP
- ● 效　　果▏效果\第7章\一吻定情.VSP
- ● 视　　频▏视频\第7章\实例114.mp4

▎操作步骤▕

01 进入会声会影编辑器，打开本书配套资源中的【素材\第7章\一吻定情.VSP】项目文件，如图7-128所示。

02 选择覆叠轨中的覆叠素材，在菜单栏中单击【编辑】|【自定义动作】命令，如图7-129所示。

图7-128 打开一个项目文件　　　　　图7-129 单击【自定义动作】命令

03 弹出【自定义动作】对话框，在00:00:01:12和00:00:01:24的位置处添加两个关键帧，如图7-130所示。

04 选择开始处的关键帧，在【大小】选项区中设置X为20，Y为20；选择00:00:01:12位置处的关键帧，在【大小】选项区中设置X为60、Y为60；选择00:00:01:24位置处的关键帧，在【大小】选项区中设置X为60、Y为60；选择结尾处的关键帧，在【大小】选项区中设置X为20、Y为20，设置完成后，单击【确定】按钮，如图7-131所示。

图7-130 添加关键帧　　　　　图7-131 单击【确定】按钮

实例 115　通过涂鸦艺术特效制作"情人节快乐"

本实例效果如图7-132所示。

图7-132 通过涂鸦艺术特效制作"情人节快乐"

- ● 素　　材 | 素材\第7章\情人节快乐（1）.jpg、情人节快乐（2）.jpg
- ● 效　　果 | 效果\第7章\情人节快乐.VSP
- ● 视　　频 | 视频\第7章\实例115.mp4

┃操作步骤┃

01 进入会声会影编辑器，在视频轨和覆叠轨中插入两幅本书配套资源中的【素材\第7章\情人节快乐（1）.jpg、情人节快乐（1）.jpg】素材图像，在预览窗口可以预览画面效果，如图7-133所示。

02 调整覆叠素材到屏幕大小，在选项面板中，单击【遮罩和色度键】按钮，进入相应选项面板，选中【应用覆叠选项】复选框，设置【类型】为【视频遮罩】，选择相应的预设样式，如图7-134所示。

图7-133 预览画面效果　　　　　　　　图7-134 选择相应预设样式

实例 116　通过移动图像效果制作"气质美女"

本实例效果如图7-135所示。

图7-135 通过移动图像效果制作"气质美女"

图7-135 通过移动图像效果制作"气质美女"（续）

- **素　　材**｜素材\第7章\气质美女.jpg
- **效　　果**｜效果\第7章\气质美女.VSP
- **视　　频**｜视频\第7章\实例116.mp4

▌操作步骤▐

01 进入会声会影编辑器，打开一个项目文件，如图7-136所示。

02 选择覆叠轨1中的第一个素材文件，在【属性】选项面板单击【自定义滤镜】按钮，弹出【NewBlue画中画】对话框，选中【使用关键帧】复选框，切换至开始处的关键帧，设置图像的位置，X为-10，Y为0，在【尺寸】数值框中，输入60；拖动滑块到中间的位置处，设置图像的位置，X为-60，Y为0，在【尺寸】数值框中，输入35；拖动滑块到结束的位置处，设置图像的位置，X为-65，Y为0，在尺寸数值框中，输入35。设置完成后，单击【行】按钮，如图7-137所示。

 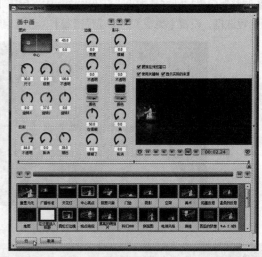

图7-136 打开一个项目文件　　　　　　　　　图7-137 单击【行】按钮

03 选择覆叠素材，单击鼠标右键，在弹出的快捷菜单中选择【复制属性】选项，选择覆叠轨右侧的所有素材，单击鼠标右键，在弹出的快捷菜单中选择【粘贴所有属性】选项，如图7-138所示，即可复制属性到右侧的所有覆叠素材中。

04 选择覆叠轨2中的第一个素材文件，在【属性】选项面板单击【自定义滤镜】按钮，弹出【NewBlue画中画】对话框，选中【使用关键帧】复选框，切换至开始处的关键帧，设置图像的位置，X为100，Y为0，在【尺寸】数值框中，输入40；拖动滑块到中间的位置处，设置图像的位置，X为0，Y为0，在【尺寸】数值框中，输入60；拖动滑块到结束的位置处，设置图像的位置，X为-10，Y为0，在【尺寸】数值框中，输入60。设置完成后，单击【行】按钮，如图7-139所示。

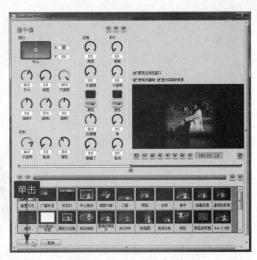

图7-138　选择【粘贴所有属性】选项　　　　　　　　图7-139　单击【行】按钮

05 选择覆叠素材，单击鼠标右键，在弹出的快捷菜单中，选择【复制属性】选项，选择覆叠轨右侧的所有素材，单击鼠标右键，在弹出的快捷菜单中选择【粘贴所有属性】选项，如图7-140所示，即可复制属性到右侧的所有覆叠素材中。

06 选择覆叠轨3中的第一个素材文件，在【属性】选项面板单击【自定义滤镜】按钮，弹出【NewBlue画中画】对话框，选中【使用关键帧】复选框，切换至开始处的关键帧，设置图像的位置，X为100，Y为0，在【尺寸】数值框中，输入0；拖动滑块到中间的位置处，设置图像的位置，X为60，Y为0，在【尺寸】数值框中，输入35；拖动滑块到结束的位置处，设置图像的位置，X为55，Y为0，在【尺寸】数值框中，输入35。设置完成后，单击【行】按钮，如图7-141所示，用与上同样的方法，复制属性至覆叠轨3右侧的覆叠素材中，复制完成后，即可完成移动变幻图像特效的制作。

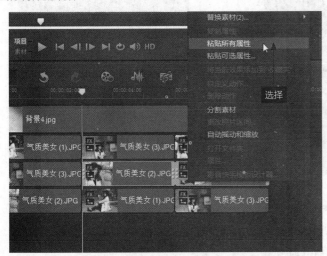

图7-140　选择【粘贴所有属性】选项　　　　　　　　图7-141　单击【行】按钮

第 **08** 章

制作视频滤镜特效

在会声会影X9中，在对视频素材进行编辑时为用户提供了多种滤镜效果，可以将它应用到视频素材中。通过视频滤镜不仅可以掩饰视频素材的瑕疵，还可以令视频产生绚丽的视觉效果，使制作出来的视频更具表现力。本章主要介绍制作视频滤镜特效的方法。

8.1 滤镜效果基本操作

视频滤镜是指可以应用到视频素材上的效果，它可以改变视频文件的外观和样式。滤镜可以套用于素材的每一个画面上，并设定开始和结束值，而且还可以控制起始帧和结束帧之间的滤镜强弱与速度。本节主要介绍滤镜效果的基本操作方法。

实例 117　通过单个滤镜制作"旋转"

本实例效果如图8-1所示。

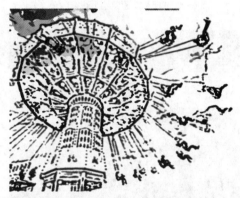

图8-1　通过单个滤镜制作"旋转"

- ● 素　　材┃素材\第8章\旋转.jpg
- ● 效　　果┃效果\第8章\旋转.VSP
- ● 视　　频┃视频\第8章\实例117.mp4

▌操作步骤▐

01 进入会声会影编辑器，在视频轨中插入本书配套资源中的【素材\第8章\旋转.jpg】素材图像，如图8-2所示。

02 单击【滤镜】按钮，切换至【滤镜】选项卡。单击窗口上方的【画廊】按钮，在弹出的列表框中选择【自然绘图】选项，如图8-3所示。

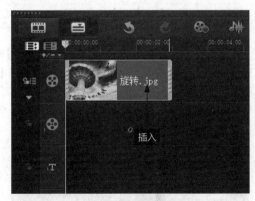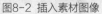

图8-2　插入素材图像　　　　　　　　　　　　　图8-3　选择【自然绘图】选项

03 打开【自然绘图】素材库，选择【自动草绘】滤镜效果，如图8-4所示。

04 单击鼠标左键，并将其拖曳至视频轨中的素材图像上，即可添加滤镜效果，如图8-5所示。单击导览面板中的【播放】按钮，即可预览添加的滤镜效果。

图8-4 选择【自动草绘】滤镜效果

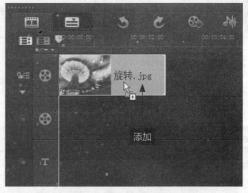

图8-5 添加滤镜效果

实例 118 通过多个滤镜制作"湖边风景"

本实例效果如图8-6所示。

图8-6 通过多个滤镜制作"湖边风景"

- 素　　材｜素材\第8章\湖边风景.jpg
- 效　　果｜效果\第8章\湖边风景.VSP
- 视　　频｜视频\第8章\实例118.mp4

操作步骤

01 进入会声会影编辑器，在视频轨中插入本书配套资源中的【素材\第8章\湖边风景.jpg】素材图像，如图8-7所示。

02 单击【滤镜】按钮，切换至【滤镜】选项卡。单击窗口上方的【画廊】按钮，在弹出的列表框中选择【自然绘图】选项。打开【自然绘图】素材库，选择【彩色笔】滤镜效果，如图8-8所示。

图8-7 插入素材图像

图8-8 选择【彩色笔】滤镜效果

03 单击鼠标左键并拖曳至视频轨中的图像素材上，即可在【属性】选项面板中查看已添加的滤镜效果，如图8-9所示，取消选中【替换上一个滤镜】复选框。

04 用同样的方法，为图像素材再次添加【自动曝光】和【自动调配】滤镜效果，在【属性】选项面板中可以查看滤镜效果，如图8-10所示。执行上述操作后，单击导览面板中的【播放】按钮，即可预览新添加的滤镜效果。

图8-9　查看已添加的滤镜效果　　　　　　　图8-10　查看新添加的滤镜效果

在【属性】选项面板中，各主要选项的含义如下。

● **替换上一个滤镜**：选中该复选框，当把新滤镜应用到素材上时将会替换素材上已经应用的滤镜。如果需要在素材上应用多个滤镜，则应取消选中此复选框。

● **已用滤镜**：显示已经应用到素材的视频滤镜列表。

● **上移滤镜**：单击该按钮可以调整滤镜在列表中的位置，使当前所选择的滤镜提前应用。

● **下移滤镜**：单击该按钮可以调整滤镜在列表中的位置，使当前所选择的滤镜延后应用。

● **删除滤镜**：选中已经添加的滤镜，单击该按钮可以从滤镜列表中删除所选择的滤镜。

● **预设**：会声会影为滤镜效果预设了多种不同的类型，单击右侧的下三角按钮，从弹出的下拉列表框中可以选择不同的预设类型，并将其应用到素材中。

● **自定义滤镜**：单击【自定义滤镜】按钮，在弹出的对话框中可以自定义滤镜属性。根据选择的滤镜类型的不同，在弹出的对话框中设置不同的参数。

● **变形素材**：选中该复选框，可以拖曳控制点任意倾斜或者扭曲视频轨上的素材，让应用变得更加自由。

> **提示**
>
> 会声会影 X9 提供了多种视频滤镜特效，使用这些特效可以制作出各种变幻莫测的视觉效果，令视频作品能够更加吸引人们的注意力。

实例 119　通过删除滤镜制作"夏日"

本实例效果如图8-11所示。

图8-11　通过删除滤镜制作"夏日"

- 素　　材 | 素材\第8章\夏日.VSP
- 效　　果 | 效果\第8章\夏日.VSP
- 视　　频 | 视频\第8章\实例119.mp4

┃操作步骤┃

01 进入会声会影编辑器，打开本书配套资源中的【素材\第8章\夏日.VSP】项目文件，如图8-12所示。

02 在【属性】选项面板中选择滤镜效果，单击【删除滤镜】按钮，如图8-13所示。执行上述操作后，即可删除该滤镜效果，在预览窗口中可预览素材效果。

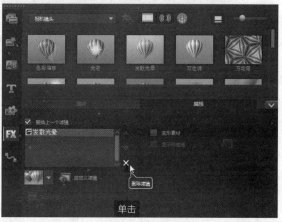

图8-12 打开一个项目文件　　　　　　　　　　图8-13 单击【删除滤镜】按钮

> **提示**
>
> 在会声会影 X9 的【属性】选项面板中，单击滤镜名称前面的按钮，可以查看素材没有应用滤镜时的初始效果。

实例 120 通过替换滤镜制作"饰品广告"

本实例效果如图8-14所示。

图8-14 通过替换滤镜制作"饰品广告"

- 素　　材 | 素材\第8章\饰品广告.VSP
- 效　　果 | 效果\第8章\饰品广告.VSP
- 视　　频 | 视频\第8章\实例120.mp4

┨ 操作步骤 ┠

01 进入会声会影编辑器，打开本书配套资源中的【素材\第8章\饰品广告.VSP】项目文件，如图8-15所示。

02 在视频轨中选择已经添加了视频滤镜效果的素材图像，在【属性】选项面板中选中【替换上一个滤镜】复选框，如图8-16所示。

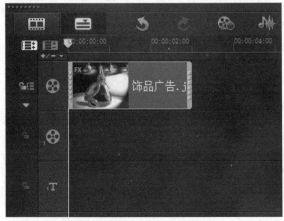

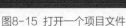

图8-15　打开一个项目文件

图8-16　选中【替换上一个滤镜】复选框

03 单击窗口上方的【画廊】按钮，在弹出的列表框中，选择【相机镜头】选项。在【相机镜头】素材库中，选择【镜头闪光】滤镜效果，如图8-17所示。

04 单击鼠标左键并将其拖曳至视频轨中的素材图像上方，在滤镜列表框中，可以看到新添加的视频滤镜效果已经替换了原有的视频滤镜效果，如图8-18所示。在预览窗口中，即可预览替换视频滤镜后的效果。

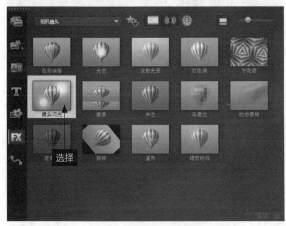

图8-17　选择【镜头闪光】滤镜效果

图8-18　替换滤镜效果

提示

在会声会影 X9 中，当替换视频滤镜效果时，一定要确认【属性】选项面板中的【替换上一个滤镜】复选框处于选中状态。因为如果该复选框没有被选中，系统并不会将新添加的视频滤镜效果替换之前添加的滤镜效果，而是将同时使用两个滤镜效果。

实例
121　通过滤镜预设制作"夕阳风景"

本实例效果如图8-19所示。

图8-19 通过滤镜预设制作"夕阳风景"

- **素　　材** | 素材\第8章\夕阳风景.VSP
- **效　　果** | 效果\第8章\夕阳风景.VSP
- **视　　频** | 视频\第8章\实例121.mp4

┃操作步骤┃

`01` 进入会声会影编辑器，打开本书配套资源中的【素材\第8章\夕阳风景.VSP】项目文件，如图8-20所示。

`02` 在【属性】选项面板中单击【自定义滤镜】左侧的下三角按钮，在弹出的列表框中选择第1排第3个滤镜预设样式，如图8-21所示。

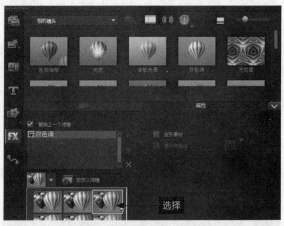

图8-20 打开一个项目文件　　　　　　　　　　图8-21 选择滤镜预设样式

8.2　滤镜案例精彩制作

　　在会声会影X9中包含许多滤镜效果，如镜头光晕、光线扫描、色彩平衡以及气泡滤镜等。用户可以根据需要选择滤镜效果，从而制作出炫丽的视频效果。本节主要介绍制作精彩滤镜案例的方法。

实　例
122　通过光线扫描制作"豪华餐厅"

　　本实例效果如图8-22所示。

图8-22　通过光线扫描制作"豪华餐厅"

- 素　　材｜素材\第8章\豪华餐厅.jpg
- 效　　果｜效果\第8章\豪华餐厅.VSP
- 视　　频｜视频\第8章\实例122.mp4

操作步骤

01 进入会声会影编辑器，在视频轨中插入本书配套资源中的【素材\第8章\豪华餐厅.jpg】素材图像，如图8-23所示。

02 单击【滤镜】按钮，切换至【滤镜】选项卡，单击窗口上方的【画廊】按钮，在弹出的列表框中选择【暗房】选项，如图8-24所示。

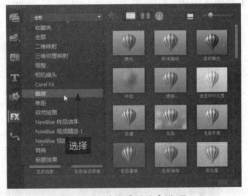

图8-23　插入素材图像　　　　　　　　　　图8-24　选择【暗房】选项

03 打开【暗房】素材库，选择【光线】滤镜效果，如图8-25所示，单击鼠标左键并拖曳至视频轨中的图像素材上。

04 打开【属性】选项面板，单击【自定义滤镜】左侧的下三角按钮，在弹出的列表框中选择第2排第3个滤镜样式，如图8-26所示。执行上述操作后，单击导览面板中的【播放】按钮，即可预览添加的滤镜效果。

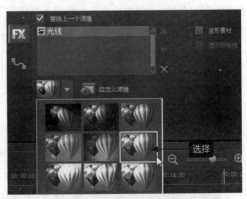

图8-25　选择【光线】滤镜效果　　　　　　图8-26　选择滤镜样式

通过色彩偏移制作"柠檬水果"

本实例效果如图8-27所示。

图8-27 通过色彩偏移制作"柠檬水果"

- 素　　材┃素材\第8章\柠檬水果.jpg
- 效　　果┃效果\第8章\柠檬水果.VSP
- 视　　频┃视频\第8章\实例123.mp4

┃操作步骤┃

01 进入会声会影编辑器，在视频轨中插入本书配套资源中的【素材\第8章\柠檬水果.jpg】素材图像，如图8-28所示。
02 单击【滤镜】按钮，切换至【滤镜】选项卡，单击窗口上方的【画廊】按钮，在弹出的列表框中选择【相机镜头】选项，如图8-29所示。

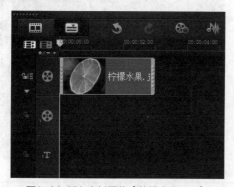

图8-28 插入素材图像【柠檬水果.jpg】

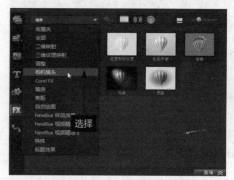

图8-29 选择【相机镜头】选项

03 打开【相机镜头】素材库，选择【色彩偏移】滤镜效果，如图8-30所示，单击鼠标左键并拖曳至视频轨中的图像素材上。
04 打开【属性】选项面板，单击【自定义滤镜】左侧的下三角按钮，在弹出的列表框中选择第2排第2个滤镜样式，如图8-31所示。执行上述操作后，单击导览面板中的【播放】按钮，即可预览添加的滤镜效果。

图8-30 选择【色彩偏移】滤镜效果

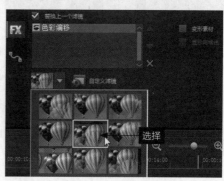

图8-31 选择滤镜样式

实 例 124 通过色彩平衡制作"金表广告"

本实例效果如图8-32所示。

图8-32 通过色彩平衡制作"金表广告"

- **素　　材**｜素材\第8章\金表广告.jpg
- **效　　果**｜效果\第8章\金表广告.VSP
- **视　　频**｜视频\第8章\实例124.mp4

▌操作步骤▐

01 进入会声会影编辑器，在视频轨中插入本书配套资源中的【素材\第8章\金表广告.jpg】素材图像，如图8-33所示。

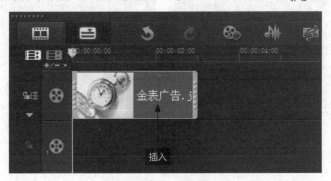

图8-33 插入素材图像

02 打开【暗房】素材库，在其中选择【色彩平衡】滤镜效果，如图8-34所示。

03 单击鼠标左键，并将其拖曳至视频轨的素材图像上，在【属性】选项面板中单击【自定义滤镜】按钮，如图8-35所示。

图8-34 选择【色彩平衡】滤镜效果　　　　　图8-35 单击【自定义滤镜】按钮

04 弹出【色彩平衡】对话框,在其中设置相应参数,如图8-36所示。设置完成后,单击【确定】按钮,即可完成色彩平衡滤镜效果的制作。在预览窗口中,可以预览色彩平衡滤镜效果。

图8-36 设置相应参数

提示

在会声会影 X9 中,为图像应用【色彩平衡】滤镜,可以改变图像中颜色混合的状况,使所有色彩趋向于平衡。

实例 125 通过气泡滤镜制作"流水效果"

本实例效果如图8-37所示。

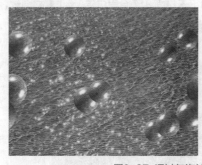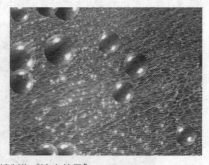

图8-37 通过气泡滤镜制作"流水效果"

- ● 素　　材 | 素材\第8章\流水效果.jpg
- ● 效　　果 | 效果\第8章\流水效果.VSP
- ● 视　　频 | 视频\第8章\实例125.mp4

| 操作步骤 |

01 进入会声会影编辑器,在视频轨中插入本书配套资源中的【素材\第8章\流水效果.jpg】素材图像,如图8-38所示。
02 打开【特殊】素材库,在其中选择【气泡】滤镜效果,如图8-39所示。单击鼠标左键,并将其拖曳至视频轨的素材图像上,即可完成气泡滤镜的制作。

图8-38 插入素材图像　　　　　　图8-39 选择【气泡】滤镜效果

实例 126 通过水彩画面制作"海底世界"

本实例效果如图8-40所示。

图8-40 通过水彩画面制作"海底世界"

- 素　　材┃素材\第8章\海底世界.jpg
- 效　　果┃效果\第8章\海底世界.VSP
- 视　　频┃视频\第8章\实例126.mp4

┃操作步骤┃

01 进入会声会影编辑器，在视频轨中插入本书配套资源中的【素材\第8章\海底世界.jpg】素材图像，如图8-41所示。

02 打开【NewBlue 样品效果】素材库，在其中选择【水彩】滤镜效果，如图8-42所示。单击鼠标左键，并将其拖曳至视频轨的素材图像上，即可完成水彩画面的制作。

图8-41 插入素材图像　　　　　　　　　　图8-42 选择【水彩】滤镜效果

实例 127 通过水波涟漪制作"守望木筏"

本实例效果如图8-43所示。

图8-43 通过水波涟漪制作"守望木筏"

- **素　　材** ｜ 素材\第8章\守望木筏.jpg
- **效　　果** ｜ 效果\第8章\守望木筏.VSP
- **视　　频** ｜ 视频\第8章\实例127.mp4

┨ 操作步骤 ┠

01 进入会声会影编辑器，在视频轨中插入本书配套资源中的【素材\第8章\守望木筏.jpg】素材图像，如图8-44所示。

02 打开【标题效果】素材库，在其中选择【涟漪】滤镜效果，如图8-45所示。单击鼠标左键，并将其拖曳至视频轨的素材图像上，即可完成水波涟漪的制作。

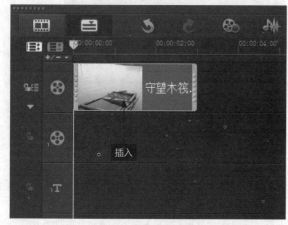

图8-44 插入素材图像

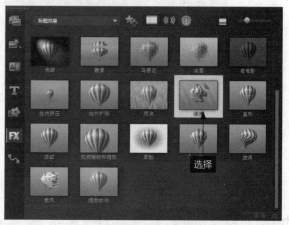

图8-45 选择【涟漪】滤镜效果

提示

在会声会影 X9 中，为图像添加【涟漪】滤镜效果后，用户还可以单击【属性】选项面板中的【自定义滤镜】按钮，详细设置涟漪的各项参数。

实例 128　**通过闪电滤镜制作"闪电惊雷"**

本实例效果如图8-46所示。

图8-46 通过闪电滤镜制作"闪电惊雷"

- **素　　材** ｜ 素材\第8章\闪电惊雷.jpg
- **效　　果** ｜ 效果\第8章\闪电惊雷.VSP
- **视　　频** ｜ 视频\第8章\实例128.mp4

┤ 操作步骤 ├

`01` 进入会声会影编辑器，在视频轨中插入本书配套资源中的【素材\第8章\闪电惊雷.jpg】素材图像，如图8-47所示。

`02` 打开【特殊】素材库，在其中选择【闪电】滤镜效果，如图8-48所示。

图8-47 插入素材图像

图8-48 选择【闪电】滤镜效果

`03` 单击鼠标左键，并将其拖曳至视频轨的素材图像上，如图8-49所示。

`04` 打开【属性】选项面板，单击【自定义滤镜】左侧的下三角按钮，在弹出的列表框中选择第1排第3个滤镜样式，如图8-50所示，即可完成闪电滤镜效果的制作。在预览窗口中，可以预览闪电滤镜效果。

图8-49 拖曳至视频轨

图8-50 选择滤镜样式

> **提示**
>
> 在会声会影 X9 中，为图像添加【闪电】滤镜效果后，单击【自定义滤镜】左侧的下三角按钮，在弹出的列表框中可以设置闪电的出现位置。

实例 129　通过鱼眼滤镜制作"云霄飞车"

本实例效果如图8-51所示。

图8-51 通过鱼眼滤镜制作"云霄飞车"

- **素　　材** | 素材\第8章\云霄飞车.VSP
- **效　　果** | 效果\第8章\云霄飞车.VSP
- **视　　频** | 视频\第8章\实例129.mp4

┃操作步骤┃

01 进入会声会影编辑器，打开本书配套资源中的【素材\第6章\云霄飞车.VSP】项目文件，如图8-52所示。

02 选择覆叠轨中的素材，在【属性】选项面板中，单击【遮罩和色度键】按钮，选中【应用覆叠选项】复选框，设置【类型】为【遮罩帧】，在右侧选择第1排第1个遮罩样式，如图8-53所示。

图8-52 打开一个项目文件

图8-53 选择遮罩样式

03 在【滤镜】素材库中，单击窗口上方的【画廊】按钮，在弹出的列表框中选择【三维纹理映射】选项，在【三维纹理映射】滤镜组中，选择【鱼眼】滤镜效果，如图8-54所示。

04 单击鼠标左键并拖曳至覆叠轨中的图像素材上方，释放鼠标左键，即可添加【鱼眼】滤镜，如图8-55所示。

图8-54 选择【鱼眼】滤镜效果

图8-55 添加【鱼眼】滤镜效果

实例 130 通过雨点滤镜制作"如丝细雨"

本实例效果如图8-56所示。

图8-56 通过雨点滤镜制作"如丝细雨"

- **素　　材**┃素材\第8章\如丝细雨.jpg
- **效　　果**┃效果\第8章\如丝细雨.VSP
- **视　　频**┃视频\第8章\实例130.mp4

┨ **操作步骤** ┠

01 进入会声会影编辑器，在视频轨中插入本书配套资源中的【素材\第8章\如丝细雨.jpg】素材图像，如图8-57所示。

02 在【滤镜】素材库中，单击窗口上方的【画廊】按钮，在弹出的列表框中选择【特殊】选项，在【特殊】滤镜组中，选择【雨点】滤镜效果，如图8-58所示，单击鼠标左键并拖曳至视频轨中的图像素材上方，添加【雨点】滤镜效果。

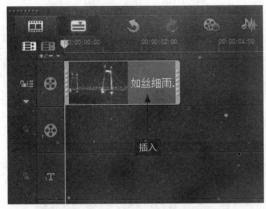
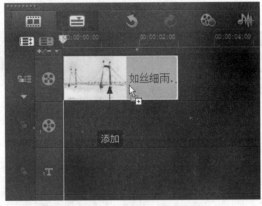

图8-57 插入素材图像【如丝细雨.jpg】　　　图8-58 添加【雨点】滤镜效果

实 例 131 **通过发散光晕滤镜制作"公主王子"**

本实例效果如图8-59所示。

图8-59 通过发散光晕滤镜制作"公主王子"

- **素　　材**┃素材\第8章\公主王子.jpg
- **效　　果**┃效果\第8章\公主王子.VSP
- **视　　频**┃视频\第8章\实例131.mp4

┨ **操作步骤** ┠

01 进入会声会影编辑器，在故事板中插入本书配套资源中的【素材\第8章\公主王子.jpg】图像素材，如图8-60所示。

02 在【滤镜】素材库中，单击窗口上方的【画廊】按钮，在弹出的列表框中选择【相机镜头】选项，在【相机镜头】滤镜组中，选择【发散光晕】滤镜效果，如图8-61所示，单击鼠标左键并拖曳至故事板中的图像素材上方，添加【发散光晕】滤镜效果。

图8-60 插入图像素材

图8-61 选择【发散光晕】滤镜效果

实例 132 通过云彩滤镜制作"蓝天云彩"

本实例效果如图8-62所示。

图8-62 通过云彩滤镜制作"蓝天云彩"

- **素 材** | 素材\第8章\蓝天云彩.jpg
- **效 果** | 效果\第8章\蓝天云彩.VSP
- **视 频** | 视频\第8章\实例132.mp4

┨ 操作步骤 ┠

01 进入会声会影编辑器,在时间轴面板中插入本书配套资源中的【素材第8章\蓝天云彩.jpg】图像素材,如图8-63所示。

02 在【滤镜】素材库中,单击窗口上方的【画廊】按钮,在弹出的列表框中选择【特殊】选项,如图8-64所示。

图8-63 插入图像素材

图8-64 选择【特殊】选项

03 在【特殊】滤镜组中,选择【云彩】滤镜效果,如图8-65所示。

04 单击鼠标左键并拖曳至故事板中的图像素材上方,如图8-66所示,添加【云彩】滤镜效果。

图8-65 选择【云彩】滤镜效果

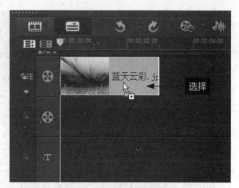

图8-66 拖曳至图像素材上方

实例 133　通过雨点滤镜制作"雪花纷飞"

本实例效果如图8-67所示。

图8-67 通过雨点滤镜制作"雪花纷飞"

- ● 素　　材┃素材\第8章\雪花纷飞.jpg
- ● 效　　果┃效果\第8章\雪花纷飞.VSP
- ● 视　　频┃视频\第8章\实例133.mp4

┃操作步骤┃

01 进入会声会影编辑器，在故事板中插入本书配套资源中的【素材\第8章\雪花纷飞.jpg】图像素材，如图8-68所示。

02 在【滤镜】素材库中，单击窗口上方的【画廊】按钮，在弹出的列表框中选择【特殊】选项，在【特殊】滤镜组中，选择【雨点】滤镜效果，如图8-69所示。

图8-68 插入图像素材　　　　　　　　图8-69 选择【雨点】滤镜效果

03 单击鼠标左键并拖曳至故事板中的图像素材上方，添加【雨点】滤镜效果，在【属性】面板中单击【自定义滤镜】按钮，如图8-70所示。

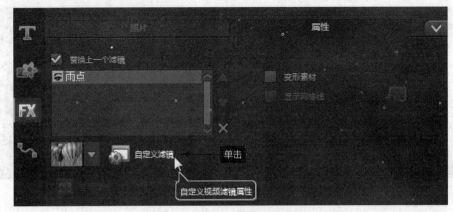

图8-70 单击【自定义滤镜】按钮

04 弹出【雨点】对话框，选择第1帧，设置各参数，如图8-71所示。

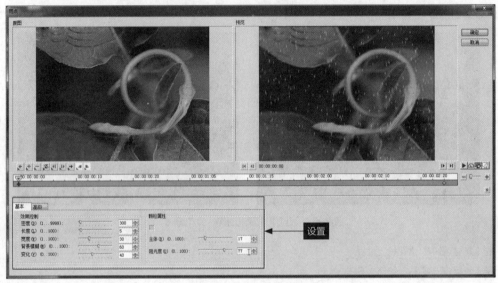

图8-71 设置第1帧参数

05 选择最后一个关键帧，设置各参数，如图8-72所示。

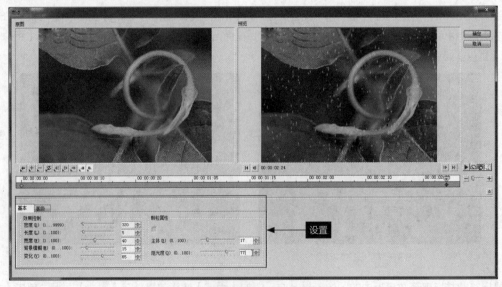

图8-72 设置最后一个关键帧参数

实例
134 通过光芒照射制作"海岸风景"

本实例效果如图8-73所示。

图8-73 通过光芒照射制作"海岸风景"

● 素　　材▍素材\第8章\海岸风景.jpg
● 效　　果▍效果\第8章\海岸风景.VSP
● 视　　频▍视频\第8章\实例134.mp4

▎操作步骤▐

01 进入会声会影编辑器，在视频轨中插入本书配套资源中的【素材\第8章\海岸风景.jpg】素材图像，如图8-74所示。

02 打开【标题效果】素材库，在其中选择【光芒】滤镜效果，如图8-75所示。

 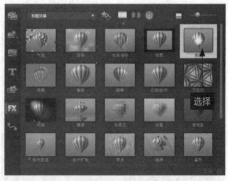

图8-74 插入素材图　　　　　　　　　图8-75 选择【光芒】滤镜效果

03 单击鼠标左键，并将其拖曳至视频轨的素材图像上，如图8-76所示。

04 打开【属性】选项面板，单击【自定义滤镜】左侧的下三角按钮，在弹出的列表框中选择第1排第2个滤镜样式，如图8-77所示，即可完成光芒照射滤镜效果的制作。在预览窗口中，可以预览光芒照射滤镜效果。

 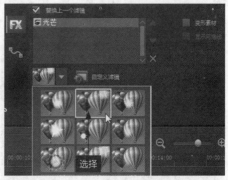

图8-76 拖曳至视频轨　　　　　　　　图8-77 选择滤镜样式

实例 135 通过幻影动作制作"舒适座驾"

本实例效果如图8-78所示。

图8-78 通过幻影动作制作"舒适座驾"

- 素　　材 | 素材\第8章\舒适座驾.jpg
- 效　　果 | 效果\第8章\舒适座驾.VSP
- 视　　频 | 视频\第8章\实例135.mp4

操作步骤

01 进入会声会影编辑器，在视频轨中插入本书配套资源中的【素材\第8章\舒适座驾.jpg】素材图像，如图8-79所示。

02 打开【标题效果】素材库，在其中选择【幻影动作】滤镜效果，如图8-80所示。单击鼠标左键并将其拖曳至视频轨的素材图像上，即可完成幻影动作滤镜效果的制作。

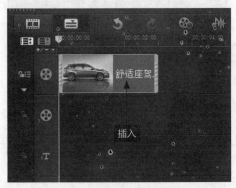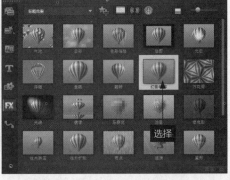

图8-79 插入素材图像　　　　　　　　　图8-80 选择【幻影动作】滤镜效果

实例 136 通过老电影滤镜制作"民国情侣"

本实例效果如图8-81所示。

图8-81 通过老电影滤镜制作"民国情侣"

- **素　　材**┃素材\第8章\民国情侣.jpg
- **效　　果**┃效果\第8章\民国情侣.VSP
- **视　　频**┃视频\第8章\实例136.mp4

┃操作步骤┃

01 进入会声会影编辑器，在视频轨中插入本书配套资源中的【素材\第8章\民国情侣.jpg】素材图像，如图8-82所示。

02 打开【标题效果】素材库，在其中选择【老电影】滤镜效果，如图8-83所示。单击鼠标左键并将其拖曳至视频轨的素材图像上，即可完成老电影滤镜效果的制作。

图8-82 插入素材图像

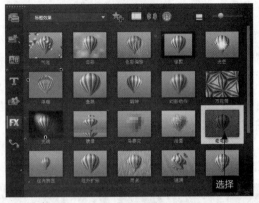

图8-83 选择【老电影】滤镜效果

实 例 **137**	**通过局部马赛克滤镜制作"果汁"**

本实例效果如图8-84所示。

图8-84 通过局部马赛克滤镜制作"果汁"

- **素　　材**┃素材\第8章\果汁.mpg
- **效　　果**┃效果\第8章\果汁.VSP
- **视　　频**┃视频\第8章\实例137.mp4

┃操作步骤┃

01 进入会声会影编辑器，在视频轨中插入本书配套资源中的【素材\第8章\果汁.mpg】视频素材，如图8-85所示。

02 在【滤镜】素材库中，单击窗口上方的【画廊】按钮，在弹出的列表框中选择【NewBlue视频精选Ⅰ】选项，在【NewBlue视频精选Ⅰ】滤镜组中，选择【局部马赛克】滤镜效果，如图8-86所示，单击鼠标左键并拖曳至视频轨中的视频素材上方，添加【局部马赛克】滤镜效果。

图8-85 插入视频素材

图8-86 选择【局部马赛克】滤镜效果

03 在【属性】选项面板中，单击【自定义滤镜】按钮，如图8-87所示。

04 弹出【NewBlue局部马赛克】对话框，取消选中【使用关键帧】复选框，在左侧设置X参数为-55.8、Y为-58.1、【宽度】为20.0、【高度】为25、【块大小】为15，如图8-88所示，设置完成后，单击【行】按钮，即可在预览窗口预览画面效果。

图8-87 单击【自定义滤镜】按钮

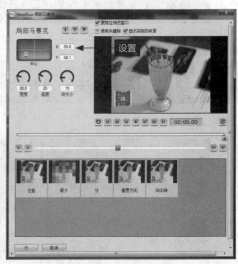

图8-88 设置相应参数

第 **09** 章

制作视频字幕特效

字幕是影视作品的重要组成部分，在影片中加入一些说明性的文字，能够有效地帮助观众理解影片的内容。同时，字幕也是视频作品中一项重要的视觉元素。本章主要介绍制作视频字幕特效的方法。

9.1 标题字幕基本操作

在会声会影X9中，提供了较为完善的字幕编辑和设置功能，用户可以对文本或其他字幕对象进行编辑和美化操作。本节主要介绍标题字幕的基本操作方法。

实 例 138 通过单个标题制作"冰凉夏日"

本实例效果如图9-1所示。

图9-1 通过单个标题制作"冰凉夏日"

- 素　　材 | 素材\第9章\冰凉夏日.jpg
- 效　　果 | 效果\第9章\冰凉夏日.VSP
- 视　　频 | 视频\第9章\实例138.mp4

操作步骤

01 进入会声会影编辑器，在视频轨中插入本书配套资源中的【素材\第9章\冰凉夏日.jpg】素材图像，如图9-2所示。

02 单击【标题】按钮，切换至【标题】素材库。在预览窗口中的适当位置双击鼠标左键，出现一个文本输入框。单击【选项】按钮，则【编辑】选项面板被激活，在其中选中【单个标题】单选按钮，如图9-3所示。

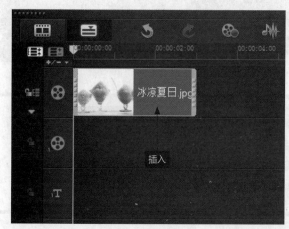

图9-2 插入素材图像

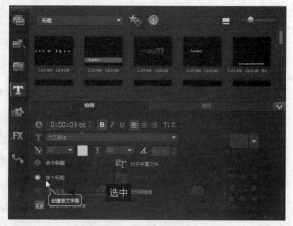

图9-3 选中【单个标题】单选按钮

03 在【编辑】选项面板中，设置标题字幕的字体、字号以及颜色等属性，如图9-4所示。

04 在预览窗口中的适当位置再次双击鼠标左键，出现一个文本输入框，在其中输入相应文本内容，并多次按【Enter】键进行换行操作，如图9-5所示，在预览窗口中可以预览字幕效果。

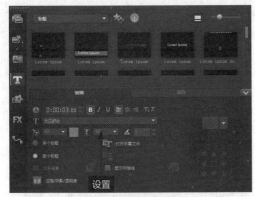

图9-4　设置字幕属性

图9-5　输入文本内容

实例 139　通过多个标题制作"3D空间"

本实例效果如图9-6所示。

图9-6　通过多个标题制作"3D空间"

- **素　材** | 素材\第9章\3D空间.jpg
- **效　果** | 效果\第9章\3D空间.VSP
- **视　频** | 视频\第9章\实例139.mp4

┨操作步骤┠

01 进入会声会影编辑器，在视频轨中插入本书配套资源中的【素材\第9章\3D空间.jpg】素材图像，如图9-7所示。

02 单击【标题】按钮，切换至【标题】素材库，在【编辑】选项面板中选中【多个标题】单选按钮，如图9-8所示。

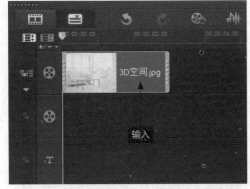

图9-7　插入素材图像

图9-8　选中【多个标题】单选按钮

03 在预览窗口中的适当位置输入文本【3D空间】，在【编辑】选项面板中设置文本的相应属性，效果如图9-9所示。

04 用与上述相同的方法，再次在预览窗口中输入相应文本内容，并设置相应的文本属性，效果如图9-10所示。

图9-9 输入文本内容　　　　　　　　　　　　　图9-10 输入其他文本

实例 140 通过字幕模版制作"儿童乐园"

本实例效果如图9-11所示。

图9-11 通过字幕模版制作"儿童乐园"

● **素　　材** | 素材\第9章\儿童乐园.jpg
● **效　　果** | 素材\第9章\儿童乐园.VSP
● **视　　频** | 视频\第9章\实例140.mp4

┃ 操作步骤 ┃

01 进入会声会影编辑器，在视频轨中插入本书配套资源中的【素材\第9章\儿童乐园.jpg】素材图像，如图9-12所示。

02 单击【标题】按钮，切换至【标题】素材库，如图9-13所示，此时在素材库中将显示系统预设的标题。

 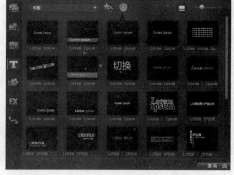

图9-12 插入素材图像　　　　　　　　　　　　　图9-13 切换至【标题】素材库

03 在素材库中选择需要的标题样式，可以在预览窗口中观看该标题的效果。切换至时间轴视图，将选择的标题拖曳至标题轨上，如图9-14所示。

04 双击标题轨上的素材，将鼠标移至预览窗口中的标题上，单击鼠标左键并拖曳，至合适位置后释放鼠标，即可移动标题位置，如图9-15所示。

图9-14 拖曳至标题轨上　　　　　　　　　　图9-15 移动标题位置

05 在预览窗口中的文字上双击鼠标左键，选择需要删除的标题文本，如图9-16所示。

06 此时，可以根据需要直接修改文字的内容，并可以在选项面板上设置标题的字体、色彩、样式和对齐方式等属性，效果如图9-17所示。

图9-16 选择需要删除的标题文本　　　　　　图9-17 输入文字内容

> **提示**
>
> 用户还可以在单个标题与多个标题之间进行转换，只是需要注意以下几个问题。
> - 单个标题转换为多个标题之后，将无法撤销还原。
> - 多个标题转换为单个标题时有两种情况：如果选择了多个标题中的某一个标题，转换时将只有选中的标题被保留，而未被选中的标题内容将被删除；如果没有选中任何标题，那么在转换时，将只保留首次输入的标题。如果应用了文字背景，该效果会被删除。【多个标题】模式允许将不同单词或文字更灵活地放至视频帧的任何位置，并且可以排列文字的对齐秩序。

实例 141 通过字幕区间制作"深情表白"

本实例效果如图9-18所示。

图9-18 通过字幕区间制作"深情表白"

- **素　　材** | 素材\第9章\深情表白.VSP
- **效　　果** | 效果\第9章\深情表白.VSP
- **视　　频** | 视频\第9章\实例141.mp4

▎**操作步骤** ▎

01 进入会声会影编辑器，打开本书配套资源中的【素材\第9章\深情表白.VSP】项目文件，如图9-19所示。

02 在标题轨中双击需要调整区间的标题字幕，在【编辑】选项面板中设置标题字幕的【区间】为0:00:05:00，如图9-20所示。

03 按【Enter】键确认，即可更改标题字幕的区间长度，在时间轴面板中可以预览更改区间的效果，如图9-21所示。

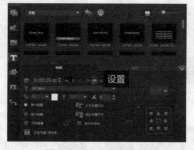

图9-19 打开一个项目文件　　　　　　图9-20 设置字幕区间　　　　　　图9-21 预览更改区间效果

提示

在会声会影 X9 中，拖曳标题轨中字幕文件右侧的黄色控制柄，也可以调整标题字幕的区间长度。

9.2 制作歌词与职员表字幕

在会声会影X9中，用户可以为视频画面添加歌词与职员表字幕，从而使视频具有相应的效果，本节向读者介绍制作歌词与职员表字幕的操作方法。

实　例
142 通过路径导入"泰坦尼克号"

本实例效果如图9-22所示。

图9-22 通过路径导入"泰坦尼克号"

- ● 素　　材▎素材\第9章\泰坦尼克号.VSP
- ● 效　　果▎效果\第9章\泰坦尼克号.VSP
- ● 视　　频▎视频\第9章\实例142.mp4

▊ 操作步骤 ▊

01 进入会声会影编辑器，打开本书配套资源中的【素材\第9章\泰坦尼克号.VSP】项目文件，如图9-23所示。

02 进入标题素材库，在【编辑】选项面板中，单击【打开字幕文件】按钮，弹出【打开】对话框，选择【泰坦尼克号.lrc】歌词文件，单击【打开】按钮，如图9-24所示，执行操作后即可完成歌词文件的导入操作。

图9-23 打开一个项目文件

图9-24 选择【泰坦尼克号.lrc】歌词文件

实例 143 通过超长字幕制作"最美梯田"

本实例效果如图9-25所示。

图9-25 通过超长字幕制作"最美梯田"

- **素　　材** | 素材\第9章\最美梯田.VSP
- **效　　果** | 效果\第9章最美梯田.VSP
- **视　　频** | 视频\第9章\实例143.mp4

▋操作步骤▋

01 进入会声会影编辑器，打开本书配套资源中的【素材\第8章\最美梯田.VSP】项目文件，如图9-26所示。

02 进入标题素材库，在【编辑】选项面板中单击【保存字幕文件】按钮，弹出【另存为】对话框，输入文件名【最美梯田】，设置【保存类型】为.utf，单击【保存】按钮，如图9-27所示。

图9-26 打开一个项目文件　　　　　　　　　　　　　图9-27 单击【保存】按钮

03 在相应文件夹中选择字幕文件，单击鼠标右键，在弹出的快捷菜单中选择【属性】选项，弹出相应属性对话框，单击【打开方式】右侧的【更改】按钮，弹出【打开方式】对话框，在其中选择【记事本】选项，单击【确定】按钮，如图9-28所示。

04 在相应属性对话框中单击【确定】按钮，在文件夹中，打开字幕文件，复制需要导入的文字到记事本中，如图9-29所示，执行上述操作后，关闭记事本文件，单击【保存】按钮，进入切换至标题素材库，在【编辑】选项面板中单击【打开字幕文件】按钮，打开【最美梯田】字幕文件，即可在标题轨中添加字幕文件。

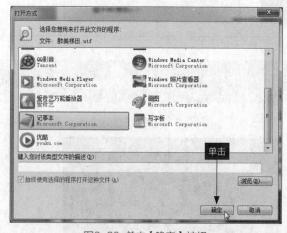

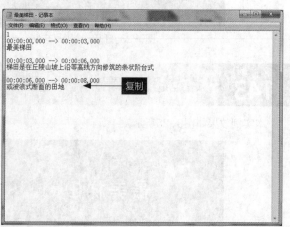

图9-28 单击【确定】按钮　　　　　　　　　　　　图9-29 复制需要导入的文字到记事本中

实例 144　通过字幕模版制作"职员表"

本实例效果如图9-30所示。

图9-30 通过字幕模版制作"职员表"

- 素 材┃素材\第9章\职员表.jpg
- 效 果┃效果\第9章\职员表.VSP
- 视 频┃视频\第9章\实例144.mp4

┃操作步骤┃

01 在时间轴面板中插入本书配套资源中的【素材\第8章\职员表.jpg】图像素材,如图9-31所示。

02 打开【字幕】素材库,在其中选择需要的字幕预设模版,如图9-32所示。

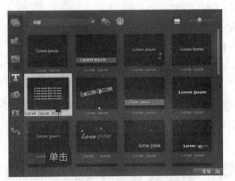

图9-31 插入一幅图像素材　　　　　图9-32 选择需要的字幕预设模版

03 将选择的模版拖曳至标题轨中的开始位置,然后调整字幕的区间长度,如图9-33所示。

04 在预览窗口中,更改字幕模版的内容为职员表等信息,并更改字幕颜色与位置,如图9-34所示。

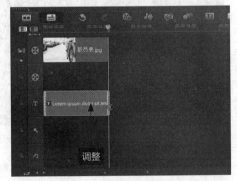

图9-33 调整字幕的区间长度　　　　　图9-34 更改字幕模版的内容

9.3 标题字幕案例制作

　　在会声会影X9中,除了改变文字的字体、大小和方向等属性外,还可以为文字添加一些装饰因素,令其更加出彩。最常用的装饰方法是添加边框、阴影、透明度以及制作动画等,灵活运用这些装饰方法,可以制作出非常丰富的标题效果。本节主要介绍制作标题字幕案例的操作方法。

实例
145 通过镂空字幕制作"钻石永恒"

本实例效果如图9-35所示。

图9-35 通过镂空字幕制作"钻石永恒"

- 素　　材 | 素材\第9章\钻石永恒.VSP
- 效　　果 | 效果\第9章\钻石永恒.VSP
- 视　　频 | 视频\第9章\实例145.mp4

┤ 操作步骤 ├

01 进入会声会影编辑器，打开本书配套资源中的【素材\第9章\钻石永恒.VSP】项目文件，如图9-36所示。

02 在标题轨中双击需要更改字体的标题字幕，在【编辑】选项面板中单击【边框/阴影/透明度】按钮，如图9-37所示。

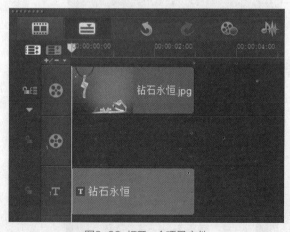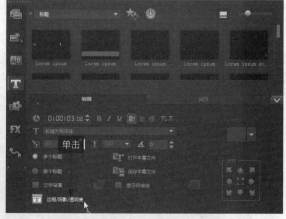

图9-36 打开一个项目文件　　　　　　　　图9-37 单击【边框/阴影/透明度】按钮

03 弹出【边框/阴影/透明度】对话框，在【边框】选项卡中选中【透明文字】和【外部边界】复选框，设置【边框宽度】为4.0，如图9-38所示。

04 单击【线条色彩】右侧的色块，弹出颜色面板，在其中选择所需的颜色，如图9-39所示。单击【确定】按钮，即可在预览窗口中预览制作的镂空字体特效。

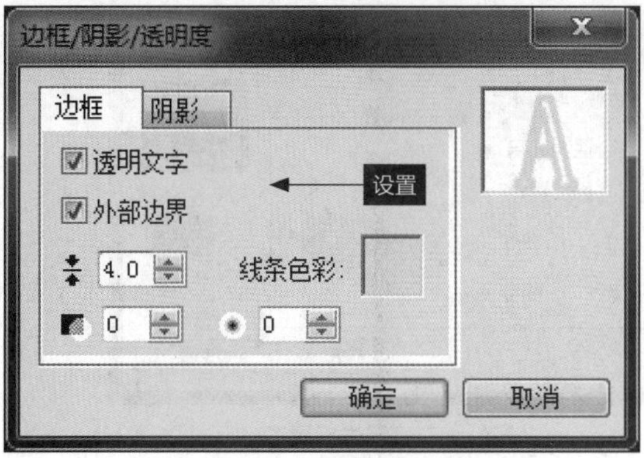

图9-38 设置边框属性

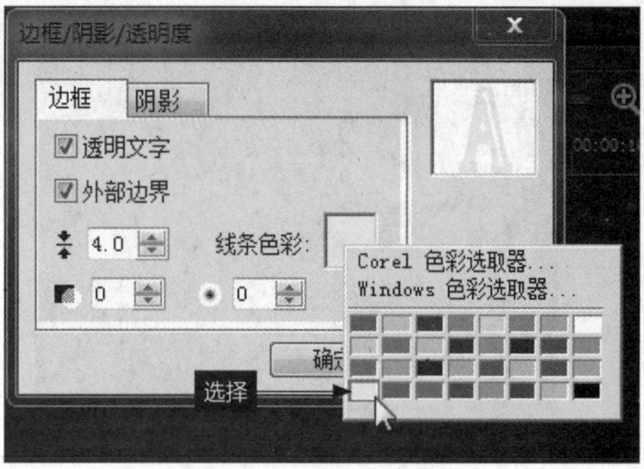

图9-39 选择所需的颜色

在【边框/阴影/透明度】对话框的【边框】选项卡中，各主要选项的含义如下。

- 【透明文字】：选中该复选框，创建的标题文字将呈透明，只有边框可见。
- 【外部边界】：选中该复选框，创建的标题文字将添加外部边框效果。
- 【边框宽度】：在该选项右侧的数值框中输入数值，可以设置文字边框线条的宽度。
- 【线条色彩】：单击该选项右侧的色块，在弹出的颜色面板中，可以设置字体边框线条的颜色。
- 【文字透明度】：在该选项右侧的数值框中输入数值，可以设置文字的可见度。
- 【柔化边缘】：在该选项右侧的数值框中输入数值，可以设置文字的边缘混合程度。

实 例 146 通过描边字幕制作“享受健康”

本实例效果如图9-40所示。

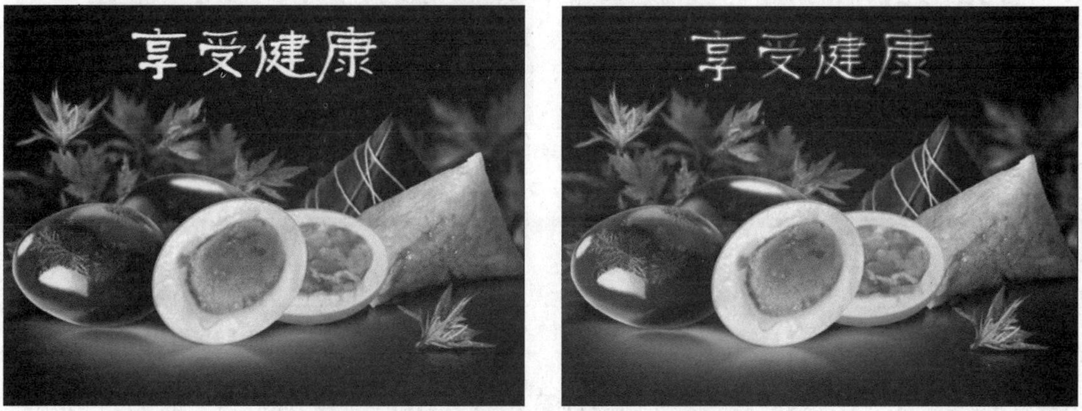

图9-40 通过描边字幕制作“享受健康”

- **素　　材** | 素材\第9章\享受健康.VSP
- **效　　果** | 效果\第9章\享受健康.VSP
- **视　　频** | 视频\第9章\实例146.mp4

操作步骤

01 进入会声会影编辑器，打开本书配套资源中的【素材\第9章\享受健康.VSP】项目文件，如图9-41所示。

02 在标题轨中双击需要更改字体的标题字幕，在【编辑】选项面板中单击【边框/阴影/透明度】按钮，弹出【边框/阴影/透明度】对话框，在【边框】选项卡中设置【边框宽度】为3.0，【线条色彩】为绿色，如图9-42所示。单击【确定】按钮，即可在预览窗口中预览描边字体效果。

图9-41 打开一个项目文件

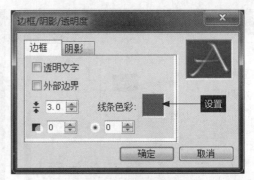

图9-42 设置边框属性

提示

在会声会影 X9 中为字幕设置边框效果时，打开【边框 / 阴影 / 透明度】对话框，在【边框宽度】数值框中只能输入 0 ~ 99 的整数。

实例 147 通过光晕字幕制作"文艺清新"

本实例效果如图9-43所示。

图9-43 通过光晕字幕制作"文艺清新"

● 素　材｜素材\第9章\文艺清新.VSP
● 效　果｜效果\第9章\文艺清新.VSP
● 视　频｜视频\第9章\实例147.mp4

操作步骤

01 进入会声会影编辑器，打开本书配套资源中的【素材\第9章\文艺清新.VSP】项目文件，如图9-44所示。

02 在标题轨中双击需要更改字体的标题字幕，在【编辑】选项面板中单击【边框/阴影/透明度】按钮，弹出【边框/阴影/透明度】对话框。切换至【阴影】选项卡，单击阴影类型中的【光晕阴影】按钮，并设置各选项，如图9-45所示。单击【确定】按钮，即可在预览窗口中预览光晕字体效果。

图9-44 打开一个项目文件

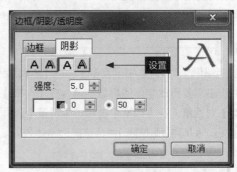

图9-45 设置阴影属性

在【边框/阴影/透明度】对话框的【阴影】选项卡中，各主要选项的含义如下。

- 【无阴影】：单击该按钮，可以取消设置文字的阴影效果。
- 【下垂阴影】：单击该按钮，可以为文字设置下垂阴影效果。
- 【光晕阴影】：单击该按钮，可以为文字设置光晕阴影效果。
- 【突起阴影】：单击该按钮，可以为文字设置突起阴影效果。

实例 148　通过下垂字幕制作"彩色人生"

本实例效果如图9-46所示。

图9-46　通过下垂字幕制作"彩色人生"

- 素　　材｜素材\第9章\彩色人生.VSP
- 效　　果｜效果\第9章\彩色人生.VSP
- 视　　频｜视频\第9章\实例148.mp4

▎操作步骤 ▎

01 进入会声会影编辑器，打开本书配套资源中的【素材\第9章\彩色人生.VSP】项目文件，如图9-47所示。

02 在标题轨中双击需要更改字体的标题字幕，在【编辑】选项面板中单击【边框/阴影/透明度】按钮，弹出【边框/阴影/透明度】对话框。切换至【阴影】选项卡，单击阴影类型中的【下垂阴影】按钮，并设置各选项，如图9-48所示。单击【确定】按钮，即可在预览窗口中预览下垂字体效果。

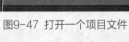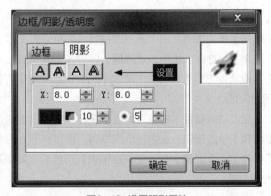

图9-47　打开一个项目文件　　　　　　　图9-48　设置阴影属性

实例 149　通过淡化动画制作"放飞梦想"

本实例效果如图9-49所示。

图9-49 通过淡化动画制作"放飞梦想"

- **素　材** | 素材\第9章\放飞梦想.VSP
- **效　果** | 效果\第9章\放飞梦想.VSP
- **视　频** | 视频\第9章\实例149.mp4

┃ 操作步骤 ┃

01 进入会声会影编辑器，打开本书配套资源中的【素材\第9章\放飞梦想.VSP】项目文件，如图9-50所示。

02 在标题轨中双击需要编辑的字幕，在【属性】选项面板中选中【动画】单选按钮和【应用】复选框，设置【选取动画类型】为【淡化】，并选择相应的淡化样式，如图9-51所示。设置完成后，单击导览面板中的【播放】按钮，即可预览添加的淡化动画效果。

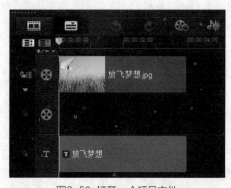

图9-50 打开一个项目文件　　　　　　　图9-51 选择淡化样式

在【属性】选项面板中，各主要选项的含义如下。

- 【动画】单选按钮：选中该单选按钮，即可设置文本的动画效果。
- 【应用】复选框：选中该复选框，即可在下方设置文本的动画样式。
- 【选取动画类型】列表框：单击【选取动画类型】右侧的下三角按钮，在弹出的列表框中选择相应的选项，即可显示相应的动画类型。
- 【自定义动画属性】按钮：单击该按钮，在弹出的对话框中即可自定义动画的属性。
- 【滤镜】单选按钮：选中该单选按钮，即可在下方为文本添加相应的滤镜效果。
- 【替换上一个滤镜】复选框：选中该复选框后，如果用户再次为标题添加滤镜效果，系统将自动替换上一次添加的滤镜效果。

实 例
150　　**通过弹出动画制作"旅行记录"**

本实例效果如图9-52所示。

图9-52 通过弹出动画制作"旅行记录"

● 素　　材┃素材\第9章\旅行记录.VSP

● 效　　果┃效果\第9章\旅行记录.VSP

● 视　　频┃视频\第9章\实例150.mp4

┣┃操作步骤┃

01 进入会声会影编辑器，打开本书配套资源中的【素材\第9章\旅行记录.VSP】项目文件，如图9-53所示。

02 在标题轨中双击需要编辑的字幕，在【属性】选项面板中选中【动画】单选按钮和【应用】复选框，设置【选取动画类型】为【弹出】，并选择相应的弹出样式，如图9-54所示。设置完成后，单击导览面板中的【播放】按钮，即可预览添加的弹出动画效果。

图9-53 打开一个项目文件　　　　　　　　图9-54 选择弹出样式

实例 151 通过翻转动画制作"创意空间"

本实例效果如图9-55所示。

图9-55 通过翻转动画制作"创意空间"

- ● 素　　材 | 素材\第9章\创意空间.VSP
- ● 效　　果 | 效果\第9章\创意空间.VSP
- ● 视　　频 | 视频\第9章\实例151.mp4

操作步骤

01 进入会声会影编辑器，打开本书配套资源中的【素材\第9章\创意空间.VSP】项目文件，如图9-56所示。

02 在标题轨中双击需要编辑的字幕，在【属性】选项面板中选中【动画】单选按钮和【应用】复选框，设置【选取动画类型】为【翻转】，并选择相应的翻转样式，如图9-57所示。设置完成后，单击导览面板中的【播放】按钮，即可预览添加的翻转动画效果。

图9-56 打开一个项目文件

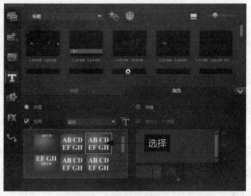

图9-57 选择翻转样式

实例 152　通过下降动画制作"绿色出行"

本实例效果如图9-58所示。

图9-58 通过下降动画制作"绿色出行"

- ● 素　　材 | 素材\第9章\绿色出行.VSP
- ● 效　　果 | 效果\第9章\绿色出行.VSP
- ● 视　　频 | 视频\第9章\实例152.mp4

操作步骤

01 进入会声会影编辑器，打开本书配套资源中的【素材\第9章\绿色出行.VSP】项目文件，如图9-59所示。

02 在标题轨中双击需要编辑的字幕，在【属性】选项面板中选中【动画】单选按钮和【应用】复选框，设置【选取动画类型】为【下降】，并选择相应的下降样式，如图9-60所示。设置完成后，单击导览面板中的【播放】按钮，即可预览添加的下降动画效果。

图9-59　打开一个项目文件　　　　　图9-60　选择下降样式

153 通过扫光特效制作"水面如镜"

本实例效果如图9-61所示。

图9-61　通过扫光特效制作"水面如镜"

- 素　　材 | 素材\第9章\水面如镜.VSP
- 效　　果 | 效果\第9章\水面如镜.VSP
- 视　　频 | 视频\第9章\实例153.mp4

操作步骤

01 进入会声会影编辑器，打开本书配套资源中的【素材\第9章\水面如镜.VSP】项目文件，如图9-62所示。

02 在【滤镜】素材库中，单击窗口上方的【画廊】按钮，在弹出的列表框中选择【相机镜头】选项，打开【相机镜头】素材库，选择【缩放动作】滤镜，单击鼠标左键并拖曳至标题轨中的字幕文件上方，添加【缩放动作】滤镜效果，如图9-63所示，单击导览面板中的【播放】按钮，即可在预览窗口中预览制作的扫光字幕动画效果。

图9-62　打开一个项目文件　　　　　图9-63　添加【缩放动作】滤镜效果

实例 154 通过广告特效制作"金鱼电脑"

本实例效果如图9-64所示。

图9-64 通过广告特效制作"金鱼电脑"

- 素　　材┃素材\第9章\金鱼电脑.jpg
- 效　　果┃效果\第9章\金鱼电脑.VSP
- 视　　频┃视频\第9章\实例154.mp4

┃操作步骤┃

01 在时间轴面板中插入本书配套资源中的【素材\第9章\金鱼电脑.jpg】图像素材，如图9-65所示。

02 打开【字幕】素材库，在其中选择需要的字幕预设模版，如图9-66所示

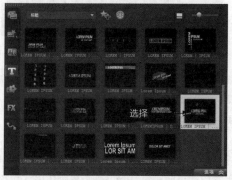

图9-65 打开一个项目文件　　　　　　　　图9-66 选择相应模版

03 在预览窗口中，更改字幕模版的内容为广告信息，如图9-67所示。

04 调整字幕的位置、字体、大小等属性，如图9-68所示，在预览窗口可以预览制作的字幕效果。

图9-67 更改字幕模版的内容　　　　　　　图9-68 更改字幕模版的属性

第 **10** 章

制作视频音乐特效

影视作品是一门声画艺术，音频在影片中是一个不可或缺的元素。音频是一部影片的灵魂，在后期制作过程中，音频的处理相当重要。如果声音运用得恰到好处，往往能给观众带来美妙的听觉享受。本章主要介绍制作视频音乐特效的方法。

10.1 音乐特效基本操作

在会声会影X9中，用户可以先将音频文件添加到素材库中，以便以后能够快速调用，然后根据需要对音频文件进行基本操作，包括调整音乐区间等。本节主要介绍音乐特效的基本操作方法。

实例 155 通过音乐文件制作"圣诞快乐"

本实例效果如图10-1所示。

图10-1 通过音乐文件制作"圣诞快乐"

- 素　　材 | 素材\第10章\圣诞快乐.VSP
- 效　　果 | 效果\第10章\圣诞快乐.VSP
- 视　　频 | 视频\第10章\实例155.mp4

┃ **操作步骤** ┃

01 进入会声会影编辑器，打开本书配套资源中的【素材\第10章\圣诞快乐.VSP】项目文件，如图10-2所示。

02 单击界面右上方的【显示音频文件】按钮，打开【音频】素材库，选择需要添加的音频文件SP-M01，如图10-3所示。

03 单击鼠标左键并拖曳至音乐轨中的适当位置，即可添加音频文件，如图10-4所示。单击导览面板中的【播放】按钮，可以试听音频效果。

图10-2 打开一个项目文件　　　　图10-3 选择音频文件SP-M01　　　　图10-4 添加音频文件

实例 156 通过自动音乐制作"幸福生活"

- 素　　材 | 素材\第10章\幸福生活.jpg
- 效　　果 | 效果\第10章\幸福生活.VSP
- 视　　频 | 视频\第10章\实例156.mp4

┃ 操作步骤 ┃

01 进入会声会影编辑器，在视频轨中插入本书配套资源中的【素材\第10章\幸福生活.jpg】素材图像，如图10-5所示。

02 单击时间轴面板上方的【自动音乐】按钮，如图10-6所示。

图10-5　插入素材图像

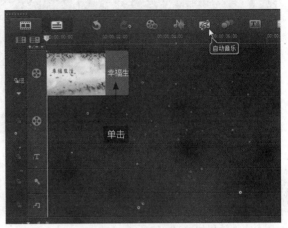

图10-6　单击【自动音乐】按钮

03 打开【自动音乐】选项面板，在【类别】下方选择第一个选项，如图10-7所示。

04 在【歌曲】下方选择第一个选项，然后在【版本】下方选择第二个选项，如图10-8所示。

图10-7　选择音乐类别选项

图10-8　选择音乐版本

在【自动音乐】选项面板中，各主要选项的含义如下。

● **区间**：该数值框用于显示所选音乐的总长度。

● **素材音量**：该数值框用于调整所选音乐的音量。当值为100时，则可以保留音乐的原始音量。

● **淡入**：单击该按钮，可以使自动音乐的开始部分音量逐渐增大。

● **淡出**：单击该按钮，可以使自动音乐的结束部分音量逐渐减小。

● **范围**：用户指定SmartSound文件的方法。

● **音乐**：在下方列表框中可以选取用于添加到项目中的音乐。

● **类别**：在下方列表框中可以选择不同的乐器和节奏，并将它应用于所选择的音乐中。

● **播放所选的音乐**：单击该按钮，可以播放应用了【变化】效果后的音乐。

● **自动修剪**：选中该复选框，将基于飞梭栏的位置自动修整音频素材，使它与视频相配合。

05 在【自动音乐】选项面板中单击【播放所选的音乐】按钮，开始播放音乐，播放至合适位置后，单击【停止】按钮，如图10-9所示。

06 执行上述操作后，单击【添加到时间轴】按钮，即可在音乐轨中添加自动音乐，如图10-10所示。

图10-9 单击【停止】按钮

图10-10 添加自动音乐

<table><tr><td>**实 例**
157</td><td>**通过音乐区间制作"自然"**</td></tr></table>

本实例效果如图10-11所示。

图10-11 通过音乐区间制作"自然"

● **素　　材** | 素材\第10章\自然.VSP

● **效　　果** | 效果\第10章\自然.VSP

● **视　　频** | 视频\第10章\实例157.mp4

▌操作步骤▐

01 进入会声会影编辑器，打开本书配套资源中的【素材\第10章\自然.VSP】项目文件，如图10-12所示。

02 选择音乐轨中的音频素材，单击【选项】按钮，打开【音乐和声音】选项面板，在【区间】数值框中输入0:00:04:00，如图10-13所示。

03 按【Enter】键确认，即可完成对音频素材区间的调整，在时间轴面板中可以预览调整后的效果，如图10-14所示。

图10-12 打开一个项目文件

图10-13 输入区间数值

图10-14 调整后的效果

在【音乐和声音】选项面板中，各主要选项的含义如下。

● 【区间】数值框：该数值框以【小时:分钟:秒钟:帧】的形式显示音频的区间。可以输入一个区间值来预设录音的长度或者调整音频素材的长度。单击其右侧的微调按钮，可以调整数值的大小；还可以单击时间码上的数字，待数字处于闪烁状态时，输入新的数字后按【Enter】键确认，也可改变原来音频素材的播放时间长度。

● 【素材音量】数值框：该数值框中的100表示原始声音的大小。单击右侧的下三角按钮，在弹出的音量调节器中，可以通过拖曳滑块以百分比的形式显示，调整视频和音频素材的音量；也可以直接在数值框中输入一个数值，调整素材的音量。

● 【淡入】按钮：单击该按钮，可以使所选择的声音素材的开始部分音量逐渐增大。

● 【淡出】按钮：单击该按钮，可以使所选择的声音素材的结束部分音量逐渐减小。

● 【速度/时间流逝】按钮：单击该按钮，会弹出【速度/时间流逝】对话框，用户可以根据需要调整视频的播放速度。

● 【音频滤镜】按钮：单击该按钮，会弹出【音频滤镜】对话框，可以将音频滤镜应用到所选的音频素材上。

实例 158　通过调节线制作"书香"

● 素　　材┃素材\第10章\书香.VSP
● 效　　果┃效果\第10章\书香.VSP
● 视　　频┃视频\第10章\实例158.mp4

▍操作步骤▍

01 进入会声会影编辑器，打开本书配套资源中的【素材\第10章\书香.VSP】项目文件，如图10-15所示。

02 选择音乐轨中的音频素材，单击【混音器】按钮，如图10-16所示，切换至混音器视图。

03 将鼠标拖曳至黄色音量调节线上，此时鼠标指针呈向上箭头形状，如图10-17所示。

图10-15 打开一个项目文件

图10-16 单击【混音器】按钮

图10-17 鼠标指针呈向上箭头形状

04 单击鼠标左键并向上拖曳至合适位置后释放鼠标，添加关键帧点，如图10-18所示。

05 将鼠标移至另一个位置，单击鼠标左键并向下拖曳，添加第2个关键帧点，如图10-19所示。

06 使用相同的方法，添加另外其他关键帧点，如图10-20所示。执行上述操作后，即可完成使用调节线调节音量的操作。

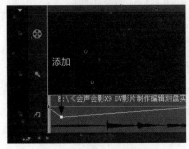

图10-18 添加关键帧点

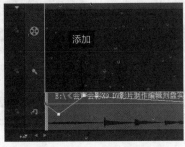

图10-19 添加第2个关键帧点

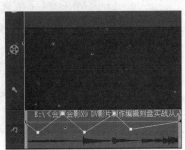

图10-20 添加其他关键帧点

实例 159 通过恢复默认音量制作"音乐"

- ● 素　　材 | 无
- ● 效　　果 | 效果\第10章\音乐.VSP
- ● 视　　频 | 视频\第10章\实例159.mp4

操作步骤

01 进入会声会影编辑器，打开实例156的效果文件，进入混音器视图。在音频素材上，单击鼠标右键，在弹出的快捷菜单中选择【重置音量】选项，如图10-21所示。

02 执行上述操作后，即可恢复默认音量效果，如图10-22所示。

图10-21 选择【重置音量】选项

图10-22 恢复默认音量效果

提示

在会声会影 X9 的音频素材上，选择需要删除的关键帧，单击鼠标左键并向外拖曳，也可以快速删除关键帧。

实例 160 通过环绕混音制作"傍晚小镇"

- ● 素　　材 | 素材\第10章\傍晚小镇.VSP
- ● 效　　果 | 效果\第10章\傍晚小镇.VSP
- ● 视　　频 | 视频\第10章\实例160.mp4

操作步骤

01 进入会声会影编辑器，打开本书配套资源中的【素材\第10章\傍晚小镇.VSP】项目文件，如图10-23所示。

02 选择音乐轨中的音频文件，切换至混音器视图，单击【环绕混音】选项面板中的【播放】按钮，如图10-24所示。

图10-23 打开一个项目文件

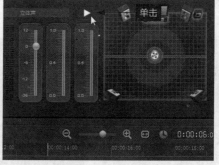

图10-24 单击【播放】按钮

03 开始试听选择轨道的音频效果，并且在混音器中可以看到音量起伏的变化。单击【环绕混音】选项面板的【音量】按钮，并上下拖曳鼠标，如图10-25所示。

04 执行上述操作后，即可通过混音器实时调节音量。在音乐轨中可以预览调节音频后的效果，如图10-26所示。

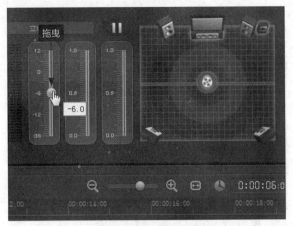

图10-25 实时调节音量

图10-26 调节音频后的效果

10.2 音乐特效案例制作

在会声会影X9中，可以将音频滤镜添加到音乐轨的音频素材上，如长回声、长重复、体育场以及删除噪音等。本节主要介绍制作音乐特效案例的方法。

实例 161 通过长回声制作"百年好合"

- ● **素　材** | 素材\第10章\百年好合.VSP
- ● **效　果** | 效果\第10章\百年好合.VSP
- ● **视　频** | 视频\第10章\实例161.mp4

┨ 操作步骤 ┠

01 进入会声会影编辑器，打开本书配套资源中的【素材\第10章\百年好合.VSP】项目文件，如图10-27所示。

02 在音乐轨中双击音频文件，单击【音乐和声音】选项面板中的【音频滤镜】按钮，如图10-28所示。

图10-27 打开一个项目文件

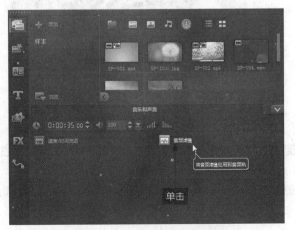

图10-28 单击【音频滤镜】按钮

03 弹出【音频滤镜】对话框，在左侧的下拉列表框中，选择【长回声】选项，单击【添加】按钮，即可将选择的音频滤镜样式添加至右侧的【已用滤镜】列表框中，如图10-29所示。

04 单击【确定】按钮，即可将选择的滤镜样式添加到音乐轨的音频文件中，如图10-30所示。单击导览面板中的【播放】按钮，即可试听【长回声】音频滤镜效果。

图10-29 添加【长回声】至右侧的列表框中

图10-30 添加【长回声】到音频文件中

实例 162　通过长重复制作"唱响麦克风"

- **素　　材**｜素材\第10章\唱响麦克风.VSP
- **效　　果**｜效果\第10章\唱响麦克风.VSP
- **视　　频**｜视频\第10章\实例162.mp4

▌操作步骤 ▐

01 进入会声会影编辑器，打开本书配套资源中的【素材\第10章\唱响麦克风.VSP】项目文件，如图10-31所示。

02 选择音频素材，在【音乐和声音】选项面板中单击【音频滤镜】按钮，弹出【音频滤镜】对话框。在【可用滤镜】下拉列表框中选择【长重复】选项，如图10-32所示。

图10-31 打开一个项目文件

图10-32 选择【长重复】选项

03 单击【添加】按钮，即可将选择的滤镜样式添加至右侧的【已用滤镜】列表框中，单击【确定】按钮，如图10-33所示。

04 执行上述操作后，即可将选择的滤镜样式添加到音乐轨的音频文件中，如图10-34所示。单击导览面板中的【播放】按钮，即可试听【长重复】音频滤镜效果。

图10-33 添加【长重复】至右侧的列表框中　　　图10-34 添加【长重复】到音频文件中

实例 163　通过等量化制作"婚纱画面"

- ● 素　材│素材\第10章\婚纱画面.VSP
- ● 效　果│效果\第10章\婚纱画面.VSP
- ● 视　频│视频\第10章\实例163.mp4

▌操作步骤▐

01 进入会声会影编辑器，打开本书配套资源中的【素材\第10章\婚纱画面.VSP】项目文件，如图10-35所示。

02 选择音频素材，单击【选项】按钮，在弹出的【音乐和声音】选项面板中单击【音频滤镜】按钮。弹出【音频滤镜】对话框，在【可用滤镜】下拉列表框中选择【等量化】选项，如图10-36所示。

图10-35 打开一个项目文件　　　　　图10-36 选择【等量化】选项

03 单击【添加】按钮，即可将选择的滤镜样式添加至右侧的【已用滤镜】列表框中，单击【确定】按钮，如图10-37所示。

04 执行上述操作后，即可将选择的滤镜样式添加到音乐轨的音频文件中，如图10-38所示。单击导览面板中的【播放】按钮，即可试听【等量化】音频滤镜效果。

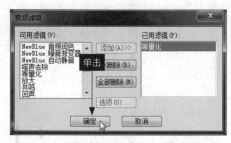

图10-37 添加【等量化】至右侧的列表框中　　　图10-38 添加【等量化】到音频文件中

实例 164 通过体育场制作"自由驰骋"

- ● 素　　材 | 素材\第10章\自由驰骋.VSP
- ● 效　　果 | 效果\第10章\自由驰骋.VSP
- ● 视　　频 | 视频\第10章\实例164.mp4

操作步骤

01 进入会声会影编辑器，打开本书配套资源中的【素材\第10章\自由驰骋.VSP】项目文件，如图10-39所示。

02 选择音频素材，在【音乐和声音】选项面板中单击【音频滤镜】按钮。弹出【音频滤镜】对话框，在【可用滤镜】下拉列表框中选择【体育场】选项，如图10-40所示。

图10-39 打开一个项目文件

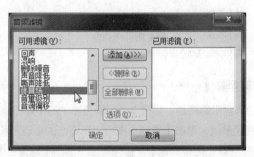

图10-40 选择【体育场】选项

03 单击【添加】按钮，即可将选择的滤镜样式添加至右侧的【已用滤镜】列表框中，单击【确定】按钮，如图10-41所示。

04 执行上述操作后，即可将选择的滤镜样式添加到音乐轨的音频文件中，如图10-42所示。单击导览面板中的【播放】按钮，即可试听【体育场】音频滤镜效果。

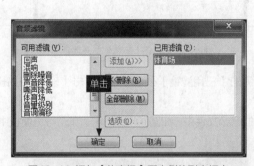

图10-41 添加【体育场】至右侧的列表框中

图10-42 添加【体育场】到音频文件中

实例 165 通过清洁器制作"风景秀丽"

- ● 素　　材 | 素材\第10章\风景秀丽.VSP
- ● 效　　果 | 效果\第10章\风景秀丽.VSP
- ● 视　　频 | 视频\第10章\实例165.mp4

操作步骤

01 进入会声会影编辑器，打开本书配套资源中的【素材\第10章\风景秀丽.VSP】项目文件，如图10-43所示。

02 选择音频素材，在【音乐和声音】选项面板中单击【音频滤镜】按钮。弹出【音频滤镜】对话框，在【可用滤镜】下拉列表框中选择【NewBlue 清洁器】选项，如图10-44所示。

图10-43 打开一个项目文件

图10-44 选择【NewBlue 清洁器】选项

03 单击【添加】按钮，即可将选择的滤镜样式添加至右侧的【已用滤镜】列表框中，单击【确定】按钮，如图10-45所示。

04 执行上述操作后，即可将选择的滤镜样式添加到音乐轨的音频文件中，如图10-46所示。单击导览面板中的【播放】按钮，即可试听【NewBlue清洁器】音频滤镜效果。

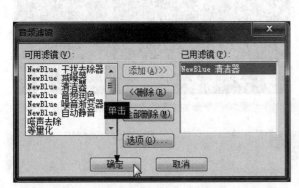

图10-45 添加【NewBlue清洁器】至右侧的列表框中

图10-46 添加【NewBlue清洁器】到音频文件中

实例 166 通过删除噪音制作"宝马大厦"

● 素　　材 | 素材\第10章\宝马大厦.VSP

● 效　　果 | 效果\第10章\宝马大厦.VSP

● 视　　频 | 视频\第10章\实例166.mp4

操作步骤

01 进入会声会影编辑器，打开本书配套资源中的【素材\第10章\宝马大厦.VSP】项目文件，如图10-47所示。

02 选择音频素材，在【音乐和声音】选项面板中单击【音频滤镜】按钮。弹出【音频滤镜】对话框，在【可用滤镜】下拉列表框中，选择【删除噪音】选项，如图10-48所示。

图10-47 打开一个项目文件

图10-48 选择【删除噪音】选项

03 单击【添加】按钮，即可将选择的滤镜样式添加至右侧的【已用滤镜】列表框中，单击【确定】按钮，如图10-49所示。

04 执行上述操作后，即可将选择的滤镜样式添加到音乐轨的音频文件中，如图10-50所示。单击导览面板中的【播放】按钮，即可试听【删除噪音】音频滤镜效果。

图10-49 添加【删除噪音】至右侧的列表框中

图10-50 添加【删除噪音】到音频文件中

实例 167 通过音调偏移制作"长廊风光"

- **素　材**｜素材\第10章\长廊风光.VSP
- **效　果**｜效果\第10章\长廊风光.VSP
- **视　频**｜视频\第10章\实例167.mp4

┃ 操作步骤 ┃

01 进入会声会影编辑器，打开本书配套资源中的【素材\第10章\长廊风光.VSP】项目文件，如图10-51所示。

02 选择音乐轨中的音频素材，单击界面上方的【滤镜】按钮，切换至【滤镜】选项卡，在上方单击【显示音频滤镜】按钮 ，显示软件中的多种音频滤镜，如图10-52所示。

图10-51 打开一个项目文件

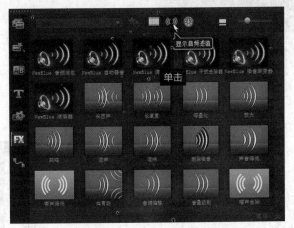

图10-52 单击【显示音频滤镜】按钮

03 在其中选择【音调偏移】音频滤镜，如图10-53所示，在选择的滤镜上单击鼠标左键并将其拖曳至音乐轨中的音频素材上。

04 执行上述操作后，即可将选择的滤镜样式添加到音乐轨的音频文件中，如图10-54所示。单击导览面板中的【播放】按钮，即可试听【音调偏移】音频滤镜效果。

图10-53 选择【音调偏移】滤镜

图10-54 添加【音调偏移】到音频文件中

第 11 章

视频的渲染与输出

本章学习要点

建立视频输出模版

输出AVI视频文件

输出MPEG视频文件

输出WMV视频文件

输出项目文件中的声音

建立MPEG格式的3D文件

通过会声会影X9中的【输出】步骤选项面板，可以将编辑完成的影片进行渲染以及输出成视频文件。本章主要介绍渲染与输出视频文件的各种操作方法，包括渲染输出影片、输出影片模版以及输出影片音频等内容。

11.1 渲染输出影片

在会声会影X9中，创建并保存视频文件后，用户即可将视频文件进行渲染输出，并将其保存到系统的硬盘上。本节主要介绍渲染输出影片的操作方法。

实例 168 建立视频输出模版

- 素　材 | 无
- 效　果 | 无
- 视　频 | 视频\第11章\实例168.mp4

操作步骤

01 进入会声会影编辑器，执行菜单栏中的【设置】|【影片配置文件管理器】命令，执行操作后，弹出【影片配置文件管理器】对话框，设置格式为【MPEG-2】单击【新建】按钮。弹出【新建配置文件选项】对话框，在【配置文件名称】文本框中输入名称【会声会影】，如图11-1所示。

02 切换至【常规】选项卡，设置相应选项，如图11-2所示。

03 单击【确定】按钮，返回【影片配置文件管理器】对话框，即可在【个人资料】列表框中显示新建的影片模版，如图11-3所示。单击【关闭】按钮，退出【影片配置文件管理器】对话框，完成设置。

图11-1 输入名称【会声会影】

图11-2 设置相应选项

图11-3 显示新建的影片模版【会声会影】

实例 169 输出AVI视频文件

本实例效果如图11-4所示。

图11-4 输出AVI视频文件

- ● 素　　材 | 素材\第11章\捕鱼生活.VSP
- ● 效　　果 | 效果\第11章\捕鱼生活.avi
- ● 视　　频 | 视频\第11章\实例169.mp4

▌操作步骤▐

01 进入会声会影编辑器，打开本书配套资源中的【素材\第11章\捕鱼生活.VSP】项目文件，如图11-5所示。

02 在编辑器的上方单击【共享】标签，如图11-6所示，切换至【共享】步骤面板。

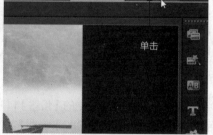

图11-5 打开一个项目文件　　　　　　　　图11-6 单击【共享】标签

03 在上方面板中，选择【AVI】选项，如图11-7所示，是指输出AVI视频格式。

04 在下方面板中，单击【文件位置】右侧的【浏览】按钮，如图11-8所示。

图11-7 选择【AVI】选项　　　　　　　　图11-8 单击【浏览】按钮

05 弹出【浏览】对话框，在其中设置视频文件的输出名称与输出位置，如图11-9所示。

06 设置完成后，单击【保存】按钮，返回会声会影编辑器，单击下方的【开始】按钮，开始渲染视频文件，并显示渲染进度，如图11-10所示，稍等片刻待视频文件输出完成后，弹出信息提示框，提示用户视频文件建立成功，单击【确定】按钮，完成输出AVI视频的操作。

图11-9 设置视频输出选项　　　　　　　　图11-10 显示渲染进度

实 例
170 输出MPEG视频文件

- ● **素　　材** | 素材\第11章\公路夜景.VSP
- ● **效　　果** | 效果\第11章\公路夜景.mpg
- ● **视　　频** | 视频\第11章\实例170.mp4

▌**操作步骤**▐

01 进入会声会影编辑器，打开本书配套资源中的【素材\第11章\公路夜景.VSP】项目文件，在编辑器的上方，单击【共享】标签，切换至【共享】步骤面板，在上方面板中，选择【MPEG-2】选项，是指输出MPEG视频格式，如图11-11所示。

02 在下方面板中，单击【文件位置】右侧的【浏览】按钮，弹出【浏览】对话框，在其中设置视频文件的输出名称与输出位置，如图11-12所示。

图11-11 选择【MPEG】选项

图11-12 设置视频保存选项

03 设置完成后，单击【保存】按钮，返回会声会影编辑器，单击下方的【开始】按钮，开始渲染视频文件，并显示渲染进度，稍等片刻待视频文件输出完成后，弹出信息提示框，提示用户视频文件建立成功，如图11-13所示，单击【确定】按钮，完成输出MPEG视频的操作。

04 单击预览窗口中的【播放】按钮，即可预览输出的MPEG视频画面效果，如图11-14所示。

图11-13 单击【确定】按钮

图11-14 预览输出的MPEG视频画面

实 例
171 输出MP4视频文件

- ● **素　　材** | 素材\第11章\港湾停泊.VSP
- ● **效　　果** | 效果\第11章\港湾停泊.mp4
- ● **视　　频** | 视频\第11章\实例171.mp4

▌**操作步骤**▐

01 进入会声会影编辑器，打开本书配套资源中的【素材\第11章\港湾停泊.VSP】项目文件，如图11-15所示。

02 在编辑器的上方，单击【共享】标签，切换至【共享】步骤面板，在上方面板中，选择【MPEG-4】选项，如图11-16所示，是指输出MP4视频格式。

图11-15 打开一个项目文件

图11-16 选择【MPEG-4】选项

03 在下方面板中，单击【文件位置】右侧的【浏览】按钮，弹出【浏览】对话框，在其中设置视频文件的输出名称与输出位置，如图11-17所示。

04 设置完成后，单击【保存】按钮，返回会声会影编辑器，单击下方的【开始】按钮，开始渲染视频文件，并显示渲染进度，稍等片刻待视频文件输出完成后，弹出信息提示框，提示用户视频文件建立成功，单击【确定】按钮，完成输出MP4视频的操作，在预览窗口中单击【播放】按钮，预览输出的MP4视频画面效果，如图11-18所示。

图11-17 设置视频输出选项

图11-18 预览输出的视频画面

实例 172 输出WMV视频文件

- 素　　材 | 素材\第11章\元旦快乐.VSP
- 效　　果 | 效果\第11章\元旦快乐.mp4
- 视　　频 | 视频\第11章\实例172.mp4

| 操作步骤 |

01 进入会声会影编辑器，打开本书配套资源中的【素材\第11章\元旦快乐.VSP】项目文件，如图11-19所示。

02 在编辑器的上方，单击【共享】标签，切换至【共享】步骤面板，在上方面板中，选择【WMV】选项，如图11-20所示，是指输出WMV视频格式。

图11-19 打开一个项目文件

图11-20 选择【WMV】选项

03 在下方面板中，单击【文件位置】右侧的【浏览】按钮，弹出【浏览】对话框，在其中设置视频文件的输出名称与输出位置，如图11-21所示。

04 设置完成后，单击【保存】按钮，返回会声会影编辑器，单击下方的【开始】按钮，开始渲染视频文件，并显示渲染进度，稍等片刻待视频文件输出完成后，弹出信息提示框，提示用户视频文件建立成功，单击【确定】按钮，完成输出WMV视频的操作，在预览窗口中可以预览视频画面效果，如图11-22所示。

图11-21　设置视频输出选项

图11-22　预览输出的视频画面

实例 173　输出MOV视频文件

- 素　　材┃素材\第11章\地产广告.VSP
- 效　　果┃效果\第11章\地产广告.mp4
- 视　　频┃视频\第11章\实例173.mp4

┃操作步骤┃

01 进入会声会影编辑器，打开本书配套资源中的【素材\第11章\地产广告.VSP】项目文件，如图11-23所示。

02 在编辑器的上方，单击【共享】标签，切换至【共享】步骤面板，在上方面板中，选择【自定义】选项，单击【格式】右侧的下拉按钮，在弹出的列表框中选择【QuickTime影片文件[*.mov]】选项，如图11-24所示。

图11-23　打开一个项目文件

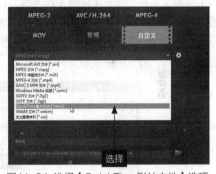

图11-24　选择【QuickTime影片文件】选项

03 在下方面板中，单击【文件位置】右侧的【浏览】按钮，弹出【浏览】对话框，在其中设置视频文件的输出名称与输出位置，如图11-25所示。

04 设置完成后，单击【保存】按钮，返回会声会影编辑器，单击下方的【开始】按钮，开始渲染视频文件，并显示渲染进度，稍等片刻待视频文件输出完成后，弹出信息提示框，提示用户视频文件建立成功，单击【确定】按钮，完成输出MOV视频的操作，在预览窗口中单击【播放】按钮，预览输出的MOV视频画面效果，如图11-26所示。

图11-25　设置视频输出选项

图11-26　预览视频画面效果

输出部分区间媒体文件

- 素　材▎素材\第11章\美食.mpg
- 效　果▎效果\第11章\美食.mov
- 视　频▎视频\第11章\实例174.mp4

┃操作步骤┃

01 进入会声会影编辑器，打开本书配套资源中的【素材\第11章\美食.VSP】项目文件，如图11-27所示。

02 在时间轴面板中，将时间线移至00:00:01:00的位置处，在导览面板中，单击【开始标记】按钮，标记视频的起始点，在时间轴面板中，将时间线移至00:00:04:00的位置处，如图11-28所示。

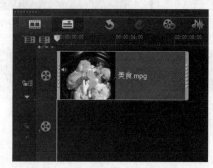

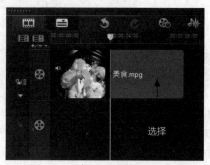

图11-27 打开一个项目文件　　　　　　　　图11-28 移动时间线

03 在导览面板中，单击【结束标记】按钮，标记视频的结束点，在【共享】步骤面板中，单击【文件位置】右侧的【浏览】按钮，弹出【浏览】对话框，在其中设置视频文件的输出名称与输出位置，如图11-29所示。

04 设置完成后，单击【保存】按钮，返回会声会影编辑器，在面板下方选中【只创建预览范围】复选框，单击【开始】按钮，开始渲染视频文件，并显示渲染进度，如图11-30所示，稍等片刻待视频文件输出完成后，弹出信息提示框，提示用户视频文件建立成功，单击【确定】按钮，完成指定影片输出范围的操作。

图11-29 设置输出名称与输出位置　　　　　　图11-30 显示渲染进度

11.2 输出影片音频

　　在会声会影X9中，创建并保存视频文件后，用户即可将视频文件进行渲染输出，并将其保存到系统的硬盘上。本节主要介绍渲染输出影片的操作方法。

设置输出声音的文件名

　　本实例效果如图11-31所示。

图11-31 设置输出声音的文件名

- ● 素　　材丨素材\第11章\长城.VSP
- ● 效　　果丨无
- ● 视　　频丨视频\第11章\实例175.mp4

▌操作步骤▐

01 进入会声会影编辑器，打开本书配套资源中的【素材\第11章\长城.VSP】项目文件，如图11-32所示。

02 切换至【共享】步骤面板，选择【音频】选项，如图11-33所示。

03 在下方的面板中，设置音频文件的【文件名】为【长城】，如图11-34所示，即可完成声音文件名的设置。

图11-32 打开一个项目文件

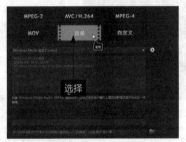

图11-33 选择【音频】选项

图11-34 输入名称

提示

在【创建文件夹】对话框中，单击【保存类型】右侧的下三角按钮，用户可以在弹出的下拉列表框中选择文件类型。

实例 176　设置输出声音的音频格式

- ● 素　　材丨无
- ● 效　　果丨无
- ● 视　　频丨视频\第11章\实例176.mp4

▌操作步骤▐

01 进入会声会影编辑器，在实例175的基础上，选择【音频】选项后，在下方的面板中单击【格式】右侧的下三角按钮，在弹出的列表框中选择【MPEG-4音频文件】选项，如图11-35所示。

02 执行上述操作后，即可设置输出声音的音频格式，如图11-36所示。

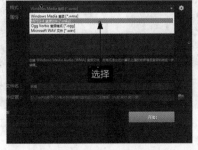

图11-35 选择【MPEG-4音频文件】选项

图11-36 设置音频格式

实例 177 设置音频文件的保存选项

- ● 素　材 | 无
- ● 效　果 | 无
- ● 视　频 | 视频\第11章\实例177.mp4

操作步骤

01 进入会声会影编辑器，在实例176的基础上，在【音频】选项的下方面板中，单击【格式】右侧的【选项】按钮，如图11-37所示。

02 弹出【选项】对话框，在其中用户可根据需要设置音频的类型、频率、位速率以及模式等属性，如图11-38所示。单击【确定】按钮，完成保存选项的设置。

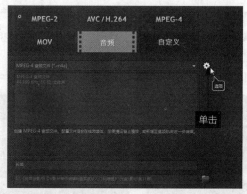

图11-37 单击【选项】按钮　　　　　　　　图11-38 设置保存选项

实例 178 输出项目文件中的声音

- ● 素　材 | 无
- ● 效　果 | 效果\第11章\长城. m4a
- ● 视　频 | 视频\第11章\实例178.mp4

操作步骤

01 进入会声会影编辑器，在实例176的基础上，在【音频】选项的下方面板中单击【开始】按钮，如图11-39所示。

02 执行上述操作后，开始渲染音频文件，待音频文件渲染完成后，弹出信息提示框，提示用户音频文件创建完成，单击【确定】按钮，如图11-40所示，即可完成音频文件的输出操作。

图11-39 单击【开始】按钮　　　　　　　　图11-40 单击【确定】按钮

11.3 输出3D视频文件

在会声会影X9中，输出3D视频文件是软件的一个新增功能，用户可以根据需要将相应的视频文件输出为3D视频文件，主要包括MPEG格式、WMV格式以及MVC格式等，用户可根据实际情况选择相应的视频格式进行3D视频文件的输出操作。

实例 179 建立MPEG格式的3D文件

- **素　　材 |** 素材\第11章\窗外风景.VSP
- **效　　果 |** 效果\第11章\窗外风景.m2t
- **视　　频 |** 视频\第11章\实例179.mp4

▌操作步骤▐

01 进入会声会影编辑器，打开本书配套资源中的【素材\第11章\窗外风景.VSP】项目文件，如图11-41所示。

02 在编辑器的上方，单击【共享】标签，切换至【共享】步骤面板，在左侧单击【3D影片】按钮，如图11-42所示。

图11-41 打开一个项目文件

图11-42 单击【3D影片】按钮

03 进入【3D影片】选项卡，在上方面板中选择MPEG-2选项，在下方面板中，单击【文件位置】右侧的【浏览】按钮，如图11-43所示。

04 弹出【浏览】对话框，在其中可以设置视频文件的输出名称与输出位置，如图11-44所示。

图11-43 选择MPEG-2选项

图11-44 设置输出名称与输出位置

05 设置完成后，单击【保存】按钮，返回会声会影编辑器，单击下方的【开始】按钮，开始渲染3D视频文件，并显示渲染进度，如图11-45所示，稍等片刻待3D视频文件输出完成后，弹出信息提示框，提示用户视频文件建立成功，单击【确定】按钮，完成3D视频文件的输出操作。

06 在预览窗口中单击【播放】按钮，预览输出的3D视频画面，如图11-46所示。

图11-45 显示渲染进度

图11-46 开始渲染3D视频文件

第 **12** 章

将视频刻录为光盘

影片制作完成后，若需要将其刻录成DVD光盘，可以在会声会影X9中直接刻录或使用专业的刻录软件进行刻录。本章主要介绍将视频刻录为光盘的方法。

12.1　刻录前的准备工作

运用会声会影X9完成了视频的编辑工作后，使用会声会影X9自带的刻录光盘功能，可以直接将影片刻录输出为DVD、SVCD或蓝光光盘等。用户在进行刻录之前，需要了解刻录的基本常识，如了解刻录机的工作原理、了解VCD与DVD光盘等内容。

实例 180　了解DVD光盘

数字多功能光盘（英文：Digital Versatile Disc），简称DVD，是一种光盘存储器，通常用来播放标准电视机清晰度的电影，高质量的音乐与作大容量存储数据用途。

DVD与CD的外观极为相似，它们的直径都是120毫米左右。最常见的DVD，即单面单层DVD的资料容量约为VCD的7倍，由于DVD的光学读取头所产生的光点较小（将原本0.85μm的读取光点大小缩小到0.55μm），因此在同样大小的盘片面积上（DVD和VCD的外观大小是一样的），DVD资料存储的密度便可提高。

实例 181　了解蓝光光盘

用户在会声会影X9中刻录光盘时，首先需要掌握蓝光光盘的相关知识及操作方法。

蓝光（Blu-ray）或称蓝光盘（Blu-ray Disc，缩写为BD）利用波长较短（405nm）的蓝色激光读取和写入数据，并因此而得名。而传统DVD需要光头发出红色激光（波长为650nm）来读取或写入数据，通常来说波长越短的激光，能够在单位面积上记录或读取更多的信息。因此，蓝光极大地提高了光盘的存储容量，对于光存储产品来说，蓝光提供了一个跳跃式发展的机会。

目前为止，蓝光是最先进的大容量光碟格式，BD激光技术的巨大进步，使用户能够在一张单碟上存储25GB的文档文件，这是现有（单碟）DVD的5倍，在速度上，蓝光允许1到2倍或者说每秒4.5~9MB的记录速度，蓝光光盘如图12-1所示。

蓝光光盘拥有一个异常坚固的层面，可以保护光盘里面重要的记录层。飞利浦的蓝光光盘采用高级真空连结技术，形成了厚度统一的100μm（1μm=1/1000mm）的安全层。飞利浦蓝光光盘可以经受住频繁的使用、指纹、抓痕和污垢，以此保证蓝光产品的存储质量数据安全。在技术上，蓝光刻录机系统可以兼容此前出现的各种光盘产品。蓝光产品的巨大容量为高清电影、游戏和大容量数据存储带来了可能和方便。将在很大程度上促进高清娱乐的发展。目前，蓝光技术也得到了世界上170多家大的游戏公司、电影公司、消费电子和家用电脑制造商的支持以及八家主要电影公司中的七家：迪士尼、福克斯、派拉蒙、华纳、索尼、米高梅以及狮门的支持。

图12-1　蓝光光盘

当前流行的DVD技术采用波长为650nm的红色激光和数字光圈为0.6的聚焦镜头，盘片厚度为0.6mm。而蓝光技术采用波长为405nm的蓝紫色激光，通过广角镜头上比率为0.85的数字光圈，成功地将聚焦的光点尺寸缩到极小的程度。此外，蓝光的盘片结构中采用了0.1mm厚的光学透明保护层，以减少盘片在转动过程中由于倾斜而造成的读写失常，这使得盘片数据的读取更加容易，并为极大地提高存储密度提供了可能。

12.2 刻录DVD光盘

创建影片光盘主要有两种方法。一种是通过Nero等刻录软件把前面输出的各种视频文件直接刻录，这种方法刻录的光盘内容只能在计算机中播放；另一种是通过会声会影高级编辑器刻录，这种方法刻录的光盘能够同时在计算机和影碟播放机中播放。本节主要介绍如何运用会声会影X9高级编辑器，将DV影片或视频刻录成DVD光盘的方法。

实例 182 添加影片素材

本实例效果如图12-2所示。

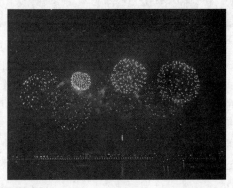

图12-2 添加影片素材

- 素　材丨素材\第12章\不一样的烟火1.jpg、不一样的烟火2.jpg
- 效　果丨无
- 视　频丨视频\第12章\实例182.mp4

┃操作步骤┃

01 进入会声会影编辑器，在时间轴面板中的空白位置上，单击鼠标右键，在弹出的快捷菜单中选择【插入照片】选项，如图12-3所示。

02 弹出【浏览照片】对话框，在其中选择需要插入的照片素材，如图12-4所示。

图12-3 选择【插入照片】选项　　　　　　图12-4 选择照片素材

03 单击【打开】按钮，即可将照片素材添加至视频轨中，如图12-5所示。选择相应的照片素材，在预览窗口中可以预览照片效果。

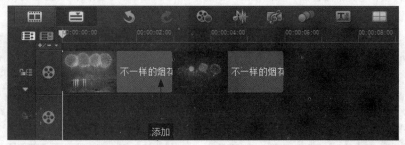

图12-5 添加照片素材

实 例
183 选择光盘类型

- 素　　材 | 无

- 效　　果 | 无

- 视　　频 | 视频\第12章\实例183.mp4

┨ 操作步骤 ┠

01 在会声会影X9的工作界面中，单击【共享】标签，切换至【共享】步骤面板，如图12-6所示。

02 在【共享】选项面板中，单击左侧的【光盘】按钮，切换至【光盘】选项面板，在右侧选择【DVD】选项，如图12-7所示，即可设置光盘的类型为DVD。

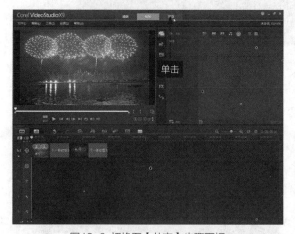

图12-6 切换至【共享】步骤面板

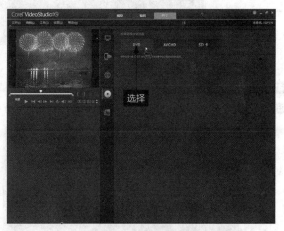

图12-7 选择DVD选项

提示

会声会影 X9 中的【共享】面板在会声会影 X8 版本的基础上做了一定的改变，使用户可以选择的输出格式更加丰富。

实 例
184 为素材添加章节

- 素　　材 | 无

- 效　　果 | 无

- 视　　频 | 视频\第12章\实例184.mp4

▌操作步骤▐

01 选择【DVD】选项，打开相应窗口，在窗口上方单击【添加/编辑章节】按钮，如图12-8所示。

02 进入【添加/编辑章节】窗口，单击【自动添加章节】按钮，如图12-9所示。

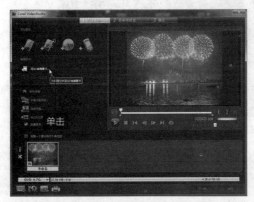 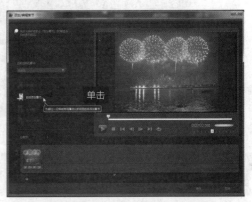

图12-8　单击【添加/编辑章节】按钮　　　　　　　图12-9　单击【自动添加章节】按钮

03 执行上述操作后，弹出【自动添加章节】对话框，如图12-10所示。

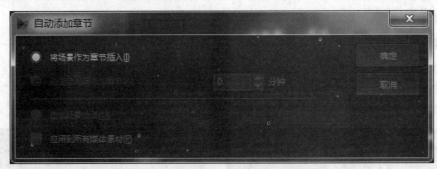

图12-10　【自动添加章节】对话框

04 单击【确定】按钮，即可为素材添加章节，如图12-11所示。

05 在窗口的下方显示了章节的各个片段，如图12-12所示，单击【确定】按钮。

图12-11　为素材添加章节　　　　　　　　　　　图12-12　显示章节片段

实例 185　刻录DVD影片

● 素　材▏无

● 效　果▏无

● 视　频▏视频\第12章\实例185.mp4

▍操作步骤 ▍

01 单击【下一步】按钮，进入【菜单和预览】步骤面板，在其中【画廊】选项卡的【智能场景菜单】素材库中，可以选择相应的场景样式，如图12-13所示。

02 单击【下一步】按钮即可进入【输出】步骤面板，在【卷标】右侧的文本框中输入卷标名称，这里输入【湘江大桥】，单击【驱动器】右侧的下三角按钮，在弹出的列表框中选择需要使用的刻录机选项，单击【刻录格式】右侧的下三角按钮，在弹出的列表框中选择需要刻录的DVD格式，刻录选项设置完成后，单击【输出】界面下方的【刻录】按钮，如图12-14所示，即可开始刻录DVD光盘。

图12-13 选择相应的场景样式

图12-14 单击【刻录】按钮

12.3 将视频刻录为蓝光光盘

　　蓝光光盘是DVD之后的下一代光盘格式之一，用来存储高品质的影音文件以及高容量的数据存储。下面向读者介绍将制作的影片刻录为蓝光光盘的操作方法。

实例 186 安装蓝光刻录功能

▍操作步骤 ▍

01 用户在目标文件中选择购买的蓝光刻录安装文件，单击鼠标右键，在弹出的快捷菜单中，选择【打开】选项，如图12-15所示。

02 执行操作后，即可启动蓝光光盘安装程序，如图12-16所示。

图12-15 选择【打开】选项

图12-16 进入蓝光光盘安装程序

03 在欢迎界面中，单击【下一步】按钮，提示【可以安装该程序了】，单击【安装】按钮，如图12-17所示。

04 稍等片刻之后，提示安装已完成，单击【完成】按钮，如图12-18所示，即可完成蓝光光盘刻录功能的安装。

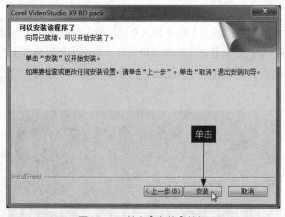

图12-17 单击【安装】按钮

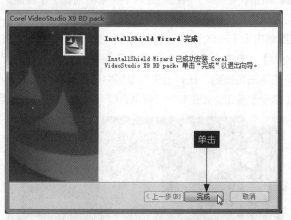

图12-18 单击【完成】按钮

实例 187　刻录蓝光光盘

- **素　材** ┃ 素材\第12章\喜庆片头.mpg
- **效　果** ┃ 无
- **视　频** ┃ 视频\第12章\实例187.mp4

┃ 操作步骤 ┃

01 进入会声会影编辑器，在菜单栏中，单击【工具】菜单，在弹出的菜单列表中单击【创建光盘】|【Blu-ray】命令，如图12-19所示。

02 执行上述操作后，即可弹出【Corel Video Studio】对话框，在其中可以查看需要刻录的视频画面，在对话框的右下角，单击【Blu-ray25G】按钮，在弹出的列表框中选择蓝光光盘的容量，这里选择【Blu-ray25G】选项，在界面的右下方单击【下一步】按钮，如图12-20所示。

图12-19 单击【创建光盘】|【Blu-ray】命令　　　　图12-20 单击【下一步】按钮

03 进入【菜单和预览】界面，在【全部】下拉列表框中，选择相应的场景效果，即可为影片添加智能场景效果，单击【菜单和预览】界面中的【预览】按钮，进入【预览】窗口，单击【播放】按钮，如图12-21所示。

04 执行上述操作后，即可预览需要刻录的影片画面效果，视频画面预览完成后，单击界面下方的【后退】按钮，返回【菜单和预览】界面，单击界面下方的【下一步】按钮，如图12-22所示。

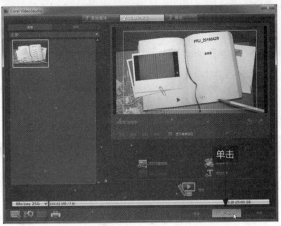

图12-21 单击【播放】按钮　　　　　　　　　　　图12-22 单击界面下方的【下一步】按钮

05 进入【输出】界面，在【卷标】右侧的文本框中输入卷标名称，这里输入【喜庆片头】，刻录卷标名称设置完成后，单击【输出】界面下方的【刻录】按钮，如图12-23所示，即可开始刻录蓝光光盘。

图12-23 单击【刻录】按钮

第

13

章

网络上传与存储
成品视频

在用户完成了视频的输出操作后，可以选择在网络中对视频进行上传共享操作，将制作的视频在网络中和网友进行分享。

13.1　将视频分享至网站

通过会声会影X9中提供的【共享】步骤面板，可以将编辑完成的影片进行输出以及将视频共享至优酷网站、微信公众平台、新浪微博及QQ空间等，与好友一起分享制作的视频效果。

实例 188　上传视频至优酷网站

- **素　　材**|素材\第13章\水果.mp4
- **效　　果**|无
- **视　　频**|视频\第13章\实例188.mp4

操作步骤

01 打开相应浏览器，进入优酷视频首页，注册并登录优酷账号，如图13-1所示。

02 在优酷首页的右上角位置，将鼠标移至【上传】文字上，在弹出的面板中单击【上传视频】文字链接，如图13-2所示。

图13-1　登录优酷账号

图13-2　单击【上传视频】文字链接

03 执行操作后，打开【上传视频-优酷】网页，在页面的中间位置单击【上传视频】按钮，如图13-3所示。

04 弹出【打开】对话框，在其中选择需要上传的视频文件，如图13-4所示。

图13-3　单击【上传视频】按钮

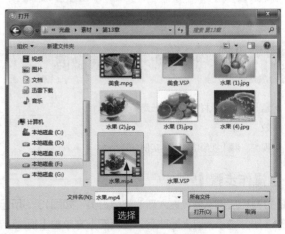

图13-4　选择视频文件

05 单击【打开】按钮，返回【上传视频-优酷】网页，在页面上方显示了视频上传进度，如图13-5所示。

06 稍等片刻，待视频文件上传完成后，页面中会显示100%，在【视频信息】一栏中，设置视频的标题、简介、分类以及标签等内容，如图13-6所示。

图13-5 显示视频上传进度　　　　　　　　　　图13-6 设置各信息

07 设置完成后，滚动鼠标，单击页面最下方的【保存】按钮，即可成功上传视频文件，此时页面中提示用户视频上传成功，进入审核阶段，如图13-7所示。

08 设置完，在页面中单击【视频管理】超链接，进入【我的视频管理】网页，在【已上传】标签中显示了刚上传的视频文件，如图13-8所示，待视频审核通过后，即可在优酷网站中与网友一起分享视频画面。

图13-7 进入审核阶段　　　　　　　　　　图13-8 显示刚上传的视频文件

实 例 189 **上传视频至新浪微博**

- **素　材**｜素材\第13章\云南美景.mpg
- **效　果**｜无
- **视　频**｜视频第13章\实例189.mp4

┃操作步骤┃

01 打开相应浏览器，进入新浪微博首页，如图13-9所示。

02 注册并登录新浪微博账号，在页面上方单击【视频】超链接，如图13-10所示。

图13-9 进入新浪微博首页

图13-10 单击【视频】超链接

03 执行操作后，弹出相应面板，单击【本地视频】按钮，如图13-11所示。

04 弹出相应页面，单击【选择文件】按钮，如图13-12所示。

图13-11 单击【本地视频】按钮

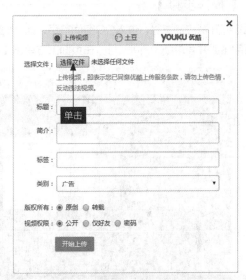
图13-12 单击【选择文件】按钮

05 弹出【打开】对话框，选择需要上传的视频文件，如图13-13所示。

06 单击【打开】按钮，返回相应页面，设置【标签】信息为【视频】，单击【开始上传】按钮，显示高清视频上传进度，如图13-14所示。

图13-13 选择视频文件

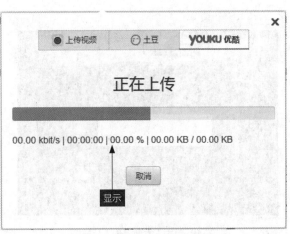
图13-14 显示高清视频上传进度

07 稍等片刻，页面中提示用户视频已经上传完成，如图13-15所示。

图13-15 提示用户视频已经上传完成

实例 190 上传视频至QQ空间

- ● **素　材** | 素材\第13章\麓山枫叶.mp4
- ● **效　果** | 无
- ● **视　频** | 视频\第13章\实例190.mp4

操作步骤

01 打开相应浏览器，进入QQ空间首页，如图13-16所示。

02 注册并登录QQ空间账号，在页面上方单击【视频】超链接，如图13-17所示。

图13-16 进入QQ空间首页

图13-17 单击【视频】超链接

03 弹出添加视频的面板，在面板中单击【本地上传】超链接，如图13-18所示。

04 弹出相应对话框，在其中选择需要上传的视频文件，如图13-19所示。

图13-18 单击【本地上传】超链接

图13-19 选择视频文件

05 单击【打开】按钮，开始上传选择的视频文件，如图13-20所示。

06 稍等片刻，视频即可上传成功，在页面中显示了视频上传的预览图标，单击上方的【发表】按钮，如图13-21所示。

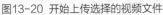

图13-20　开始上传选择的视频文件

图13-21　单击上方的【发表】按钮

07 执行操作后，即可发表用户上传的视频文件，下方显示了发表时间，单击视频文件中的【播放】按钮，如图13-22所示。

08 即可开始播放用户上传的视频文件，如图13-23所示，与QQ好友一同分享制作的视频效果。

图13-22　单击【播放】按钮

图13-23　播放上传的视频文件

实例 191　上传至微信公众平台

- 素　　材 ┃ 素材\第13章\高原雪山.mpg
- 效　　果 ┃ 无
- 视　　频 ┃ 视频\第13章\实例191.mp4

┃ 操作步骤 ┃

01 打开相应浏览器，进入微信公众平台首页，如图13-24所示。

02 选择左侧【功能】选项卡下的【群发功能】选项，如图13-25所示。

图13-24 进入微信公众平台首页

图13-25 选择【群发功能】选项

03 选择【视频】选项，单击右方【新建视频】超链接，如图13-26所示。

04 弹出相应网页，单击【选择文件】按钮，如图13-27所示。

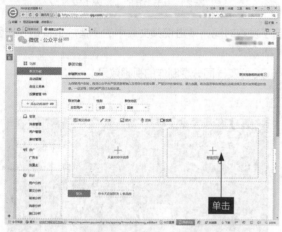

图13-26 单击【新建视频】超链接

图13-27 单击【选择文件】按钮

05 弹出相应对话框，在其中选择需要上传的视频文件，单击【打开】按钮，如图13-28所示。

06 稍等片刻，视频即可上传成功，设置视频标题等信息后，选中【我已阅读并同意《腾讯视频上传服务规则》】复选框，单击下方的【保存】按钮，即可成功发布视频，如图13-29所示。

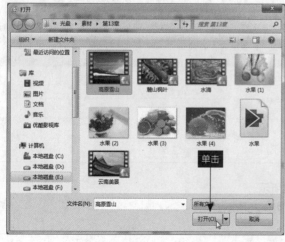

图13-28 单击【打开】按钮

图13-29 成功发布视频

13.2 应用百度云盘存储视频

百度云盘是百度公司推出的一项类似于iCloud的网络存储服务，用户可以通过PC等多种平台进行数据共享的网络存储服务。使用百度网盘，用户可以随时查看与共享文件。

实例 192 注册与登录百度云盘

▌操作步骤 ▌

01 打开相应浏览器，进入百度云盘首页，单击【立即注册百度账号】按钮，如图13-30所示。

02 进入【注册百度账号】页面，在其中输入手机号码、密码，单击【获取短信验证码】按钮，即可以手机短信的方式获取短信验证码，如图13-31所示。

图13-30 单击【立即注册百度账号】按钮

图13-31 获取短信验证码

03 在验证码右侧的数值框中，输入相应的验证码信息，单击【注册】按钮，即可完成注册，稍等片刻，即可进入百度云页面，如图13-32所示。

04 在页面的右上方，将鼠标移至用户名右侧的下三角按钮上，在弹出的列表框中选择【退出】选项，弹出提示信息框，单击【确定】按钮，如图13-33所示，即可完成退出，回到登录界面，在页面中输入用户名、密码等信息，单击【登录】按钮，即可完成登陆。

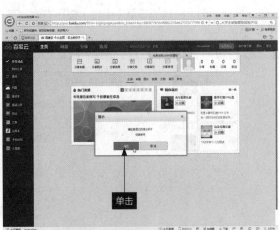

图13-32 进入百度云页面

图13-33 单击【确定】按钮

实例 193　在云盘内新建文件夹

- 素　　材 | 无
- 效　　果 | 无
- 视　　频 | 视频\第13章\实例193.mp4

操作步骤

01 打开相应浏览器，登录百度云账号，进入百度云个人主页页面，单击页面上方的【网盘】标签，即可进入网盘页面，如图13-34所示。

02 单击页面上方的【新建文件夹】按钮，即可新建一个文件夹，单击右侧的对勾按钮☑，即可在页面中查看新建的文件夹，如图13-35所示。

图13-34 进入网盘页面

图13-35 查看新建的文件夹

实例 194　上传视频到云盘

- 素　　材 | 素材\第13章\水滴.mpg
- 效　　果 | 无
- 视　　频 | 视频\第13章\实例194.mp4

操作步骤

01 进入网盘页面，将鼠标移至【上传】按钮右侧的下三角按钮上，在弹出的列表框中选择【上传文件】选项，如图13-36所示。

02 弹出【打开】对话框，在其中选择所需要上传的文件，如图13-37所示。

图13-36 选择【上传文件】选项

图13-37 选择所需要上传的文件

提示

在百度云盘中，用户不仅可以上传视频文件，还可以通过选择【上传文件夹】选项来上传文件夹至网盘中。

03 单击【打开】按钮，即可开始上传，并显示上传进度，如图13-38所示。

04 稍等片刻，提示上传完成，如图13-39所示，即可在网盘中查看上传的文件。

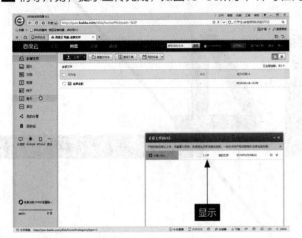

图13-38 显示上传进度

图13-39 提示上传完成

实例 195　从云盘下载视频

● 素　　材┃无

● 效　　果┃无

● 视　　频┃视频\第13章\实例195.mp4

┃操作步骤┃

01 进入网盘页面，勾选【水滴】视频文件复选框，单击页面上方的【下载】按钮，如图13-40所示。

02 执行操作后，即可弹出【下载】对话框，设置下载路径，单击【下载】按钮，即可开始下载视频文件，稍等片刻，即可在目标文件夹中查看下载好的视频文件，打开视频文件，即可预览视频效果，如图13-41所示。

图13-40 单击页面上方的【下载】按钮

图13-41 预览视频效果

第 14 章

处理吉他视频
《同桌的你》

在会声会影X9使用中，用户可以为录制好的视频画面进行
处理，可以改善画面的色彩、亮度等内容，本章主要介绍
使用会声会影处理视频画面的操作方法。

14.1 实例分析

会声会影的神奇，不仅在视频滤镜的套用，而是巧妙地应用这些功能，用户根据自己的需要，改变画面的风格，改善画面的饱和度等内容，为视频赋予新的生命，也可以使其具有珍藏价值。本节先预览处理的视频画面效果，再介绍技术点睛等内容。

14.1.1 案例效果欣赏

本实例的最终视频效果如图14-1所示。

图14-1 案例效果欣赏

14.1.2 实例技术点睛

首先进入会声会影编辑器，在媒体库中插入相应的视频素材，调节视频的亮度和对比度、白平衡、色彩平衡等内容，然后在标题轨中为视频添加标题字幕，最后输出为视频文件。

14.2 制作视频效果

　　本节主要介绍《同桌的你》视频文件的制作过程，如导入视频素材、调节画面亮度与对比度、调节视频画面的色调以及制作标题字幕动画等内容。

14.2.1 导入《同桌的你》视频素材

　　本实例效果如图14-2所示。

图14-2 导入媒体素材

- ● 素　　材 | 素材\第14章\同桌的你.mp4
- ● 效　　果 | 无
- ● 视　　频 | 视频\第14章\14.2.1 导入《同桌的你》视频素材.mp4

┃操作步骤┃

01 进入会声会影编辑器，进入【媒体】素材库，在其中新建一个文件夹，如图14-3所示。

02 在文件夹的空白位置处，单击鼠标右键，在弹出的快捷菜单中选择【插入媒体文件】选项，如图14-4所示。

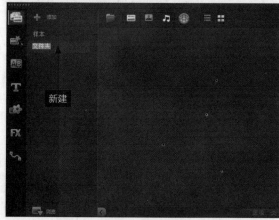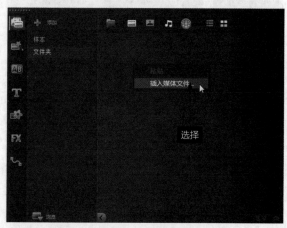

图14-3 新建文件夹　　　　　　　　　图14-4 选择【插入媒体文件】选项

03 执行操作后，弹出【浏览媒体文件】对话框，如图14-5所示。

04 在其中选择需要插入的视频素材文件，单击【打开】按钮，如图14-6所示。

图14-5 弹出相应对话框

图14-6 单击【打开】按钮

05 在素材库中，可查看导入的素材文件，如图
14-7所示。

图14-7 查看导入的素材文件

> **提示**
>
> 进入会声会影 X9 编辑器，单击【文件】|【将媒体文件插入到素材库】|【插入视频】命令，弹出【打开视频文件】对话框，
> 在其中选择需要导入的视频素材，单击【打开】按钮，也可以导入视频文件。

14.2.2 调节视频画面亮度和对比度

- **素　材** | 无
- **效　果** | 无
- **视　频** | 视频\第14章\14.2.2 调节视频画面亮度和对比度.mp4

┃操作步骤┃

01 将素材库中的视频素材导入视频轨中，如图14-8所示。

02 进入【滤镜】素材库，单击窗口上方的【画廊】按钮，如图14-9所示。

图14-8 导入视频

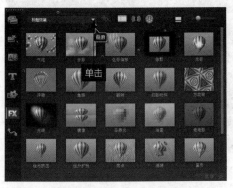
图14-9 单击【画廊】按钮

03 在弹出的列表框中选择【暗房】选项，如图14-10所示。

04 在【暗房】素材库中，选择【亮度和对比度】滤镜，如图14-11所示。

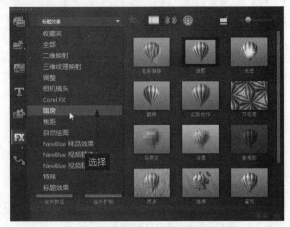

图14-10 选择【暗房】选项

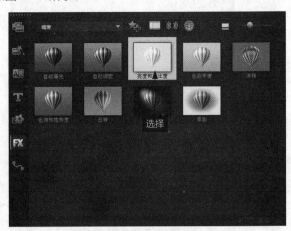

图14-11 选择【亮度和对比度】滤镜

05 单击鼠标左键并拖曳至视频轨中的视频素材上，如图14-12所示。

06 释放鼠标左键，即可为视频素材添加滤镜效果，如图14-13所示。

图14-12 拖曳滤镜效果

图14-13 为素材添加滤镜效果

07 进入【属性】选项面板，如图14-14所示。

08 在其中单击【自定义滤镜】按钮，如图14-15所示。

图14-14 进入【属性】选项面板

图14-15 单击【自定义滤镜】按钮

09 执行操作后，即可弹出【亮度和对比度】对话框，如图14-16所示。

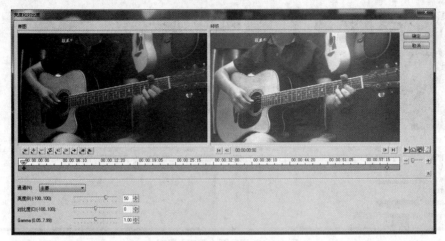

图14-16 弹出相应对话框

10 在其中选择开始位置处的关键帧，如图14-17所示。

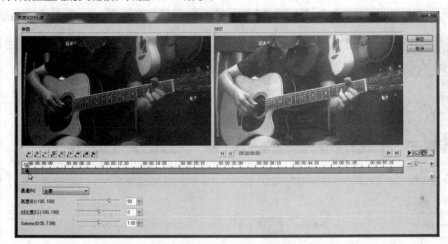

图14-17 选择开始位置处的关键帧

11 执行上述操作后，在【亮度】右侧的数值框中输入14，在【对比度】右侧的数值框中输入12，如图14-18所示。

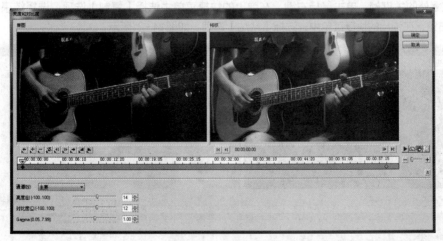

图14-18 设置相应参数

12 在下方单击【通道】右侧的下三角按钮，在弹出的列表框中，选择【蓝色】选项，即可切换至【蓝色】通道，如图14-19所示。

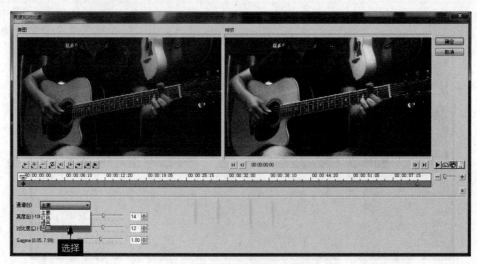

图14-19 切换至【蓝色】通道

13 在【亮度】右侧的数值框中输入1，在【对比度】右侧的数值框中输入-1，如图14-20所示。

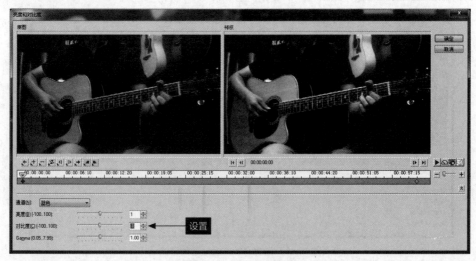

图14-20 设置相应参数

14 选择开始位置处的关键帧，单击鼠标右键，在弹出的快捷菜单中选择【复制】选项，选择结束位置处的关键帧，单击鼠标右键，在弹出的快捷菜单中，选择【粘贴】选项，如图14-21所示。

图14-21 复制和粘贴

15 执行上述操作后，单击【确定】按钮即可完成画面亮度和对比度的调节操作，如图14-22所示。

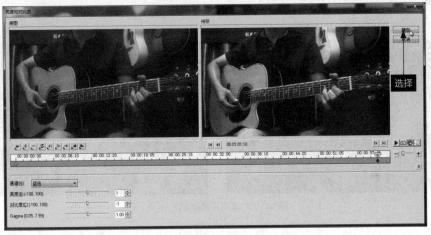

图14-22　调节视频画面的【亮度和对比度】

14.2.3　调节视频白平衡

● 素　　材 | 无

● 效　　果 | 无

● 视　　频 | 视频\第14章\14.2.3 调节视频白平衡.mp4

操作步骤

01 进入【视频】选项面板中，如图14-23所示。

02 在其中单击【色彩校正】按钮，如图14-24所示。

图14-23　进入【视频】选项面板　　　　　　图14-24　单击【色彩校正】按钮

03 执行操作后，即进入相应面板，如图14-25所示。

04 选中【白平衡】复选框，单击【自动】按钮，如图14-26所示，即可自动调节视频的白平衡。

图14-25　进入相应面板　　　　　　　　图14-26　单击【自动】按钮

14.2.4 调节视频画面的色调

本实例效果如图14-27所示。

图14-27 调节视频画面的色调

● 素　　材 | 无

● 效　　果 | 无

● 视　　频 | 视频\第14章\14.2.4 调节视频画面的色调.mp4

▌操作步骤▌

01 进入【视频】选项面板，如图14-28所示。

02 单击【色彩校正】按钮，如图14-29所示。

图14-28 进入【视频】选项面板　　　　图14-29 单击【色彩校正】按钮

03 拖曳【色调】右侧的滑块，直至参数显示为6的位置处，即可调节视频画面的色调，如图14-30所示。

04 单击导览面板中的【播放】按钮，即可预览画面效果，效果如图14-31所示。

图14-30 拖曳【色调】右侧的滑块　　　　图14-31 预览画面效果

14.2.5 调节画面的色彩平衡

- ● 素　　材 | 无
- ● 效　　果 | 无
- ● 视　　频 | 视频\第14章\14.2.5 调节画面的色彩平衡.mp4

┤操作步骤┠

01 单击【滤镜】按钮，如图14-32所示。

02 进入【滤镜】素材库，单击窗口上方的【画廊】按钮，如图14-33所示。

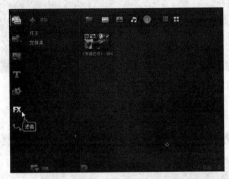

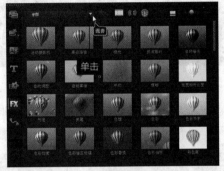

图14-32 单击【滤镜】按钮　　　　　　　图14-33 单击窗口上方的【画廊】按钮

03 在弹出的列表框中选择【暗房】选项，如图14-34所示。

04 在【暗房】素材库中，选择【色彩平衡】滤镜效果，如图14-35所示。

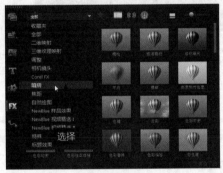

图14-34 选择【暗房】选项　　　　　　　图14-35 选择【色彩平衡】滤镜效果

05 单击鼠标左键并拖曳至视频轨中的视频素材上，如图14-36所示。

06 释放鼠标左键，即可完成【色彩平衡】滤镜的添加，在【属性】选项面板中可以查看添加的滤镜，如图14-37所示。

图14-36 拖曳至视频轨中　　　　　　　　图14-37 查看添加的滤镜

07 执行上述操作后，单击【自定义滤镜】按钮，如图14-38所示。

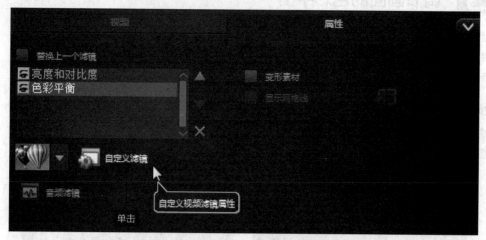

图14-38 单击【自定义滤镜】按钮

08 执行上述操作后，即可弹出【色彩平衡】对话框，如图14-39所示。

图14-39 弹出【色彩平衡】对话框

09 在【色彩平衡】对话框中，选择开始位置处的关键帧，如图14-40所示。

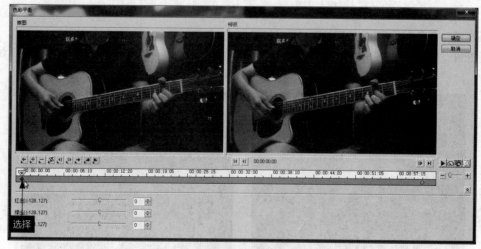

图14-40 选择开始位置处的关键帧

10 在【红】右侧的数值框中输入10，如图14-41所示。

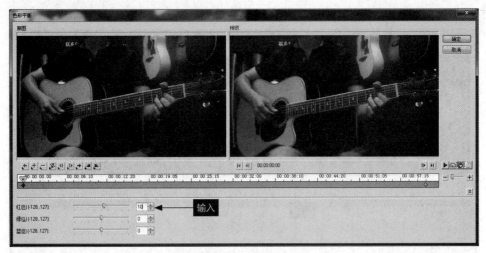

图14-41 输入10

11 在【绿】右侧的数值框中输入6，如图14-42所示。

图14-42 输入6

12 在【蓝】右侧的数值框中输入10，如图14-43所示。

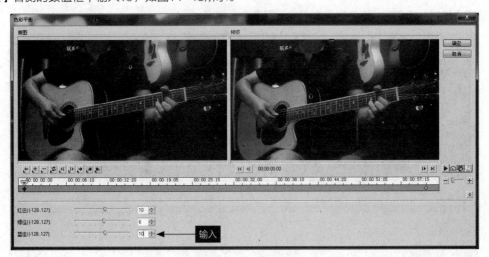

图14-43 输入10

13 设置完成后，选择开始位置处的关键帧，单击鼠标右键，在弹出的快捷菜单中，选择【复制】选项，如图14-44所示。

图14-44 选择【复制】选项

14 选择结束位置处的关键帧，单击鼠标右键，在弹出的快捷菜单中，选择【粘贴】选项，如图14-45所示。

图14-45 选择【粘贴】选项

15 单击【确定】按钮，即可完成【色彩平衡】的画面调节，如图14-46所示。

图14-46 单击【确定】按钮

14.2.6　自动调节视频画面效果

- ● 素　　材 | 无
- ● 效　　果 | 无
- ● 视　　频 | 视频\第14章\14.2.6 自动调节视频画面效果.mp4

┃操作步骤┃

01 进入【滤镜】素材库，单击窗口上方的【画廊】按钮，如图14-47所示。

02 在弹出的列表框中选择【暗房】选项，如图14-48所示。

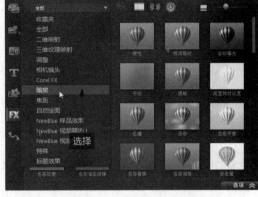

图14-47 单击窗口上方的【画廊】按钮　　　　　　　　　图14-48 选择【暗房】选项

03 在【暗房】素材库中，选择【自动调配】滤镜效果，如图14-49所示。

04 单击鼠标左键并拖曳至视频轨中的视频素材上，如图14-50所示，释放鼠标左键，即可为视频添加【自动调配】滤镜。

05 单击导览面板中的【播放】按钮，即可在预览窗口中预览添加【自动调配】滤镜后的画面效果，如图14-51所示。

图14-49 选择【自动调配】滤镜效果　　　　图14-50 添加【自动调配】滤镜　　　　图14-51 预览视频画面效果

14.2.7　添加《同桌的你》字幕

本实例效果如图14-52所示。

图14-52 添加《同桌的你》字幕

- 素　　材 | 无
- 效　　果 | 无
- 视　　频 | 视频\第14章\14.2.7 添加《同桌的你》字幕.mp4

▌操作步骤 ▌

01 在时间轴面板中，将时间线移至时间轴开始的位置处，如图14-53所示。

02 单击【标题】按钮，进入【标题】素材库，如图14-54所示。

图14-53 移动时间线　　　　　　　　　　　图14-54 进入【标题】素材库

03 在预览窗口中，显示【双击这里可以添加标题】字样，如图14-55所示。

04 在预览窗口中的字样上，双击鼠标左键，输入文本【同桌的你】，如图14-56所示。

图14-55 显示【双击这里可以添加标题】字样　　　　图14-56 输入文本【同桌的你】

05 选择输入的文本内容，打开【编辑】选项面板，然后单击【字体】右侧的下三角按钮，在弹出的列表框中选择【华康海报体】选项，如图14-57所示。

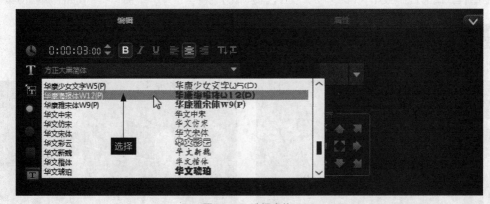

图14-57 选择字体

06 在预览窗口中，可以预览设置字幕字体后的效果，如图14-58所示。

07 选择文字内容，在【编辑】选项面板中单击【字体大小】右侧的下三角按钮，如图14-59所示。

图14-58 预览设置字幕字体后的效果

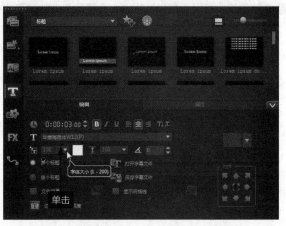

图14-59 单击【字体大小】右侧的下三角按钮

08 在弹出的列表框中选择【113】选项，设置【字体大小】，如图14-60所示。

09 单击【将方向更改为垂直】按钮，并在每个字的后面添加空格，如图14-61所示。

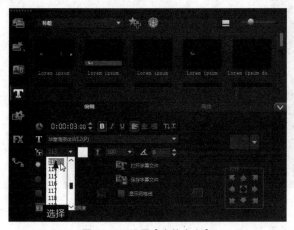

图14-60 设置【字体大小】

图14-61 添加空格

10 然后调整字幕的位置，单击【色彩】色块，在弹出的颜色面板中选择第4排第1个颜色，设置字体颜色，如图14-62所示。

11 设置字幕【区间】为0:00:06:15，如图14-63所示。

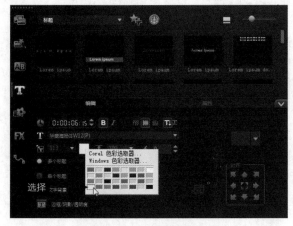

图14-62 设置字体颜色

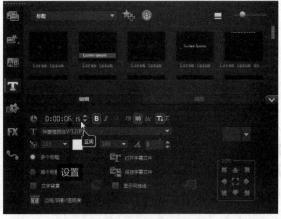

图14-63 设置字幕【区间】

12 在预览窗口中可以预览字幕的效果，如图14-64所示。

13 字幕创建完成后，在标题轨中将会显示创建的字幕文件，如图14-65所示。

图14-64 预览字幕的效果

图14-65 显示创建的字幕文件

14 在【编辑】选项面板中单击【边框/阴影/透明度】按钮，如图14-66所示。

15 弹出【边框/阴影/透明度】对话框，切换至【阴影】选项卡，如图14-67所示。

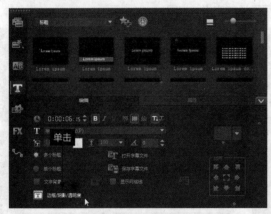

图14-66 单击【边框/阴影/透明度】按钮

图14-67 切换至【阴影】选项卡

16 单击【突起阴影】按钮，并设置相应属性，如图14-68所示。

17 设置完成后，单击【确定】按钮，如图14-69所示。

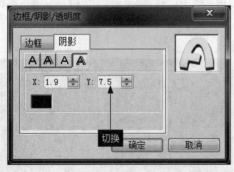

图14-68 设置相应属性

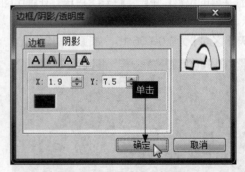

图14-69 单击【确定】按钮

18 切换至【属性】选项面板，如图14-70所示。

19 选中【动画】单选按钮和【应用】复选框，如图14-71所示。

图14-70　切换至【属性】选项面板

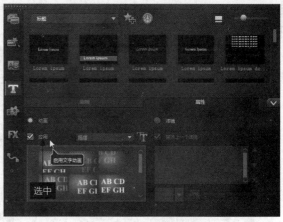

图14-71　选中【应用】复选框

20 设置【选取动画类型】为【摇摆】，如图14-72所示。

21 在下方选择第1排第1个动画样式，如图14-73所示。

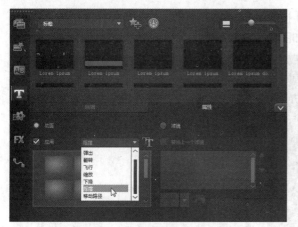

图14-72　设置【选取动画类型】为【摇摆】

图14-73　选择相应的动画样式

22 单击右侧的【自定义动画属性】按钮，如图14-74所示。

23 执行操作后，即可弹出【摇摆动画】对话框，如图14-75所示。

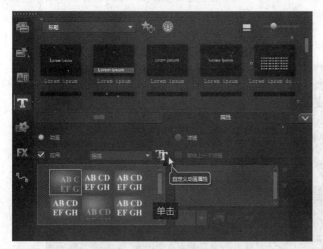

图14-74　单击相应按钮

图14-75　弹出【摇摆动画】对话框

24 在其中设置【暂停】为【自定义】、【摇摆角度】为2、【进入】为【左】、【离开】为【下】，如图14-76
所示。

25 设置完成后，单击【确定】按钮，在导览面板中，拖曳【暂停区间】标记，调整字幕的运动时间属性，如图14-77所示。

图14-76 设置摇摆属性　　　　　　　　　　图14-77 调整字幕的运动时间属性

26 进入【编辑】选项面板，在其中单击【打开字幕文件】按钮，如图14-78所示。

27 弹出【打开】对话框，在其中选择相应的字幕文件，如图14-79所示。

图14-78 单击【打开字幕文件】按钮　　　　图14-79 选择相应的字幕文件

28 单击【打开】按钮，如图14-80所示，即可添加字幕文件到标题轨中。

29 执行操作后，即可在时间轴面板的视频轨中查看添加的标题字幕，如图14-81所示。

图14-80 单击【打开】按钮　　　　　　　　图14-81 查看添加的标题字幕

30 删除多余的字幕文件，选择【标题轨2】中的第2段字幕文件，进入【编辑】选项面板，在其中选中【文字背景】复选框，如图14-82所示。

31 单击【自定义文字背景的属性】按钮，如图14-83所示。

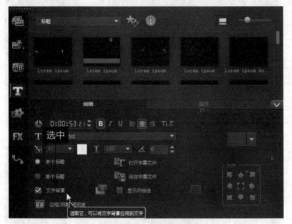

图14-82 选中【文字背景】复选框

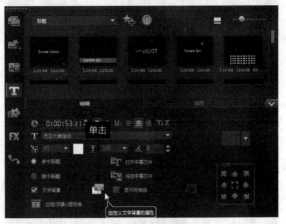

图14-83 单击相应按钮

32 执行操作后，即可弹出【文字背景】对话框，如图14-84所示。

33 在其中选择【单色】单选按钮，单击【单色】右侧的色块，在其中选择第1排最后1个色彩色块，在下方设置【透明度】为40，设置完成后单击【确定】按钮，如图14-85所示。

图14-84 弹出【文字背景】对话框　　图14-85 单击【确定】按钮

34 进入【属性】选项面板，在其中选中【动画】单选按钮和【应用】复选框，设置【选取动画类型】为飞行，如图14-86所示。

35 执行操作后，单击【自定义动画属性】按钮，弹出【飞行动画】对话框，在其中单击【从右边进入】和【从左边离开】按钮，如图14-87所示。

图14-86 设置【选取动画类型】为飞行

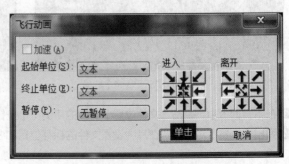

图14-87 单击相应按钮

36 设置完成后，单击导览面板中的【播放】按钮，即可在预览窗口中预览制作的字幕效果，如图14-88所示。

图14-88 预览制作的字幕效果

14.3 渲染输出视频文件

● 素　　材 | 无

● 效　　果 | 效果\第14章\处理吉他视频《同桌的你》.mp4

● 视　　频 | 视频\第14章\14.3 渲染输出视频文件.mp4

┥操作步骤┝

01 切换至【共享】步骤面板，在其中选择【MPEG-4】选项，如图14-89所示。

02 在【配置文件】右侧的下拉列表中选择第3个选项，如图14-90所示。

图14-89 选择【MPEG-4】选项

图14-90 选择第3个选项

03 在下方面板中，单击【文件位置】右侧的【浏览】按钮，如图14-91所示。

04 弹出【浏览】对话框，在其中设置文件的保存位置和名称，如图14-92所示。

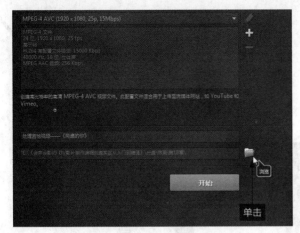

图14-91 单击【浏览】按钮

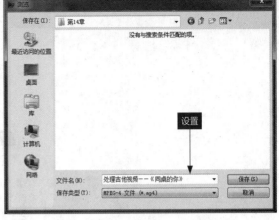

图14-92 设置文件的保存位置和名称

05 单击【保存】按钮，返回会声会影【共享】步骤面板，单击【开始】按钮，开始渲染视频文件，并显示渲染进度，如图14-93所示。

06 切换至【编辑】步骤面板，在素材库中，查看输出的视频文件，如图14-94所示，单击导览面板中的播放按钮可以预览视频画面。

图14-93 显示渲染进度

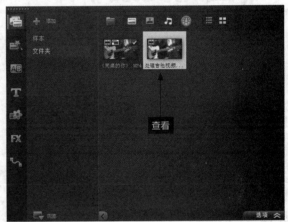

图14-94 查看输出的视频文件

第

15 章

制作旅游记录
《西湖美景》

本章主要介绍制作旅游记录《西湖美景》视频的制作方法，西湖是中国大陆主要的观赏性淡水湖泊之一，与南京玄武湖、嘉兴南湖并称为江南三大名湖。

15.1 实例分析

在该实例的制作过程中，应用转场效果，实现了素材之间的平滑过渡；应用字幕效果，实现了画面效果的完整性；应用音频淡入淡出效果，实现了音频和视频的完美结合。

15.1.1 案例效果欣赏

本实例的最终视频效果如图15-1所示。

图15-1 案例效果欣赏

15.1.2 实例技术点睛

首先进入会声会影X9编辑器，在媒体素材库中添加旅游媒体素材，在视频轨中创建视频画面，制作照片摇动和缩放效果，添加【镜头光晕】滤镜特效，制作各视频片段之间的转场特效，为视频画面添加边框装饰，最后制作字幕、背景音乐等，输出视频文件。

15.2 制作视频效果

本节主要介绍《西湖美景》视频文件的制作过程，包括导入旅游媒体素材、制作旅游视频画面、制作旅游摇动效果、制作旅游转场效果等内容。

15.2.1 导入旅游媒体素材

本实例效果如图15-2所示。

图15-2 导入旅游媒体素材

- 素　　材 | 素材\第15章\1.jpg～20.jpg、片头.wmv、片尾.wmv
- 效　　果 | 无
- 视　　频 | 视频\第15章\15.2.1 导入旅游媒体素材.mp4

┨ 操作步骤 ┠

01 进入会声会影编辑器，单击素材库上方的【显示照片】按钮，显示素材库中的照片素材，执行菜单栏中的【文件】|【将媒体文件插入到素材库】|【插入照片】命令，如图15-3所示。

02 弹出【浏览照片】对话框，选择需要添加的照片素材，如图15-4所示。

图15-3 单击【插入照片】命令

图15-4 选择照片素材

03 单击【打开】按钮，即可将照片素材添加至【照片】素材库中，如图15-5所示。

04 单击素材库上方的【显示视频】按钮，显示素材库中的视频素材。执行菜单栏中【文件】|【将媒体文件插入到素材库】|【插入视频】命令，如图15-6所示。

05 弹出【浏览视频】对话框，选择需要添加的视频素材，如图15-7所示。

图15-5 添加照片素材

图15-6 单击【插入视频】命令

图15-7 选择视频素材

06 单击【打开】按钮，即可将视频素材添加至【视频】素材库中，如图15-8所示。

07 单击导览面板中的【播放】按钮，即可预览添加的视频素材效果，如图15-9所示。

图15-8 添加视频素材

图15-9 预览视频素材效果

15.2.2 制作旅游视频画面

- ● 素　　材┃无
- ● 效　　果┃无
- ● 视　　频┃视频\第15章\15.2.2 制作旅游视频画面.mp4

┃ **操作步骤** ┃

01 在【视频】素材库中，选择视频素材【片头.wmv】，单击鼠标左键并将其拖曳至视频轨的开始位置，如图15-10所示，对素材进行变形操作，使其全屏显示在预览窗口中。

02 在【照片】素材库中，选择【1.jpg】照片素材并将其拖曳至视频轨中，如图15-11所示。

图15-10 拖曳视频素材至视频轨

图15-11 拖曳照片素材【1.jpg】至视频轨

> **提示**
>
> 用户也可以根据实际情况，按住【Ctrl】键，在【照片】素材库中选择多张照片素材同时拖曳至视频轨。

03 在【照片】素材库中，选择照片素材【2.jpg】，单击鼠标右键，在弹出的快捷菜单中选择【插入到】|【视频轨】选项，如图15-12所示。

04 执行上述操作后，即可将照片素材添加到视频轨中，如图15-13所示。

图15-12 选择【视频轨】选项

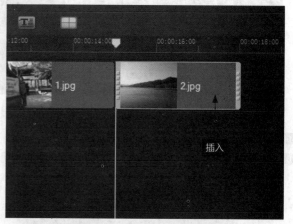

图15-13 插入【2.jpg】照片素材到视频轨

05 在【照片】素材库中，选择照片素材【3.jpg】并将其拖曳至视频轨中，如图15-14所示。

06 在【照片】素材库中，选择照片素材【4.jpg】并将其拖曳至视频轨中，如图15-15所示。

图15-14 拖曳照片素材【3.jpg】至视频轨

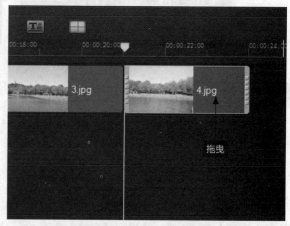

图15-15 拖曳照片素材【4.jpg】至视频轨

07 单击导览面板中的【播放】按钮，即可在预览窗口中预览添加的素材效果，如图15-16所示。

图15-16 预览素材效果

图15-16 预览素材效果（续）

08 使用相同的方法，在视频轨中添加其他视频素材和照片素材，添加完成后，此时时间轴面板如图15-17所示。

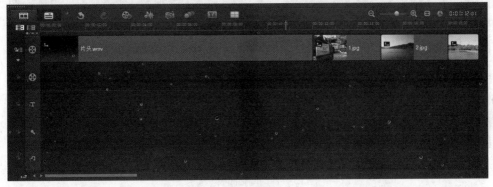

时间轴面板1

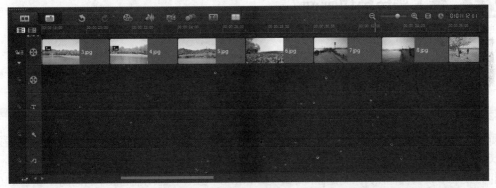

时间轴面板2

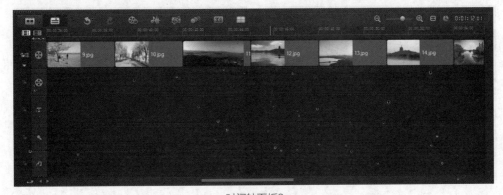

时间轴面板3

图15-17 时间轴面板

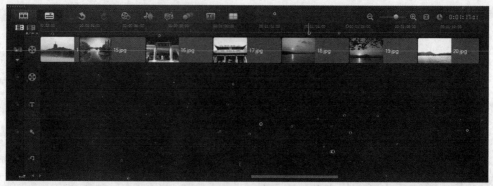

时间轴面板4

时间轴面板5

图15-17 时间轴面板（续）

15.2.3 插入黑色色块画面

- 素　材 | 无
- 效　果 | 无
- 视　频 | 视频\第15章\15.2.3 插入黑色色块画面.mp4

┤ 操作步骤 ├

01 在视频轨中，选择照片素材【1.jpg】，单击【选项】按钮，打开【照片】选项面板，在其中设置区间为00:00:04:00，如图15-18所示。

02 使用相同的方法，设置其他照片素材的区间值均为00:00:04:00。在时间轴面板中将时间线移至00:00:12:01的位置，如图15-19所示。

图15-18 设置区间值

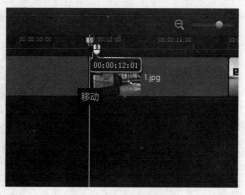

图15-19 移动时间线

03 单击【图形】按钮，切换至【图形】选项卡，在【色彩】素材库中选择黑色色块，如图15-20所示。

04 单击鼠标左键并将其拖曳至视频轨中的时间线位置，如图15-21所示。

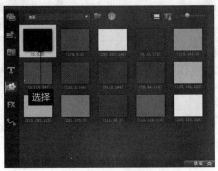

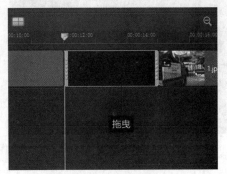

图15-20　选择黑色色块　　　　　　　　　　　　　图15-21　拖曳黑色色块至视频轨

05 选择添加的黑色色块，单击【选项】按钮。打开【色彩】选项面板，设置色块的【色彩区间】为00:00:02:00，如图15-22所示。

06 执行上述操作后，即可更改黑色色块的区间大小，如图15-23所示。

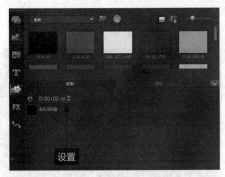

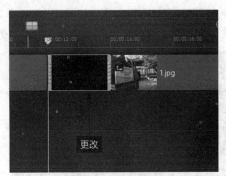

图15-22　设置色彩区间　　　　　　　　　　　　　图15-23　更改区间大小

07 将时间线移至00:01:34:01的位置，在【色彩】素材库中选择黑色色块，单击鼠标左键并将其拖曳至视频轨中的时间线位置，如图15-24所示。

08 选择添加的黑色色块，单击【选项】按钮。打开【色彩】选项面板，设置色块的【色彩区间】为00:00:02:00，即可更改黑色色块的区间大小，如图15-25所示。

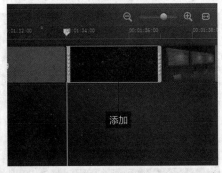

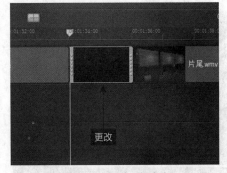

图15-24　添加黑色色块　　　　　　　　　　　　　图15-25　更改区间大小

15.2.4　制作旅游摇动效果

本实例效果如图15-26所示。

图15-26 制作旅游摇动效果

- 素　　材 | 无

- 效　　果 | 无

- 视　　频 | 视频\第15章\15.2.4 制作旅游摇动效果.mp4

操作步骤

01 在视频轨中选择照片素材【1.jpg】，如图15-27所示。

02 进入【属性】选项面板，在其中选中【变形素材】复选框，如图15-28所示。

图15-27 选择照片素材　　　　　　　图15-28 选中【变形素材】复选框

03 在预览窗口中，单击鼠标右键，在弹出的快捷菜单中选择【调整到屏幕大小】选项，如图15-29所示。

04 再次在预览窗口中单击鼠标右键，在弹出的快捷菜单中选择【保持宽高比】选项，如图15-30所示。

图15-29 选择【调整到屏幕大小】选项　　　　图15-30 选择【保持宽高比】选项

05 在视频轨中，选择【1.jpg】图像素材，单击鼠标右键，在弹出的快捷菜单中选择【复制属性】选项，如图15-31所示。

06 在视频轨中选择【2.jpg】到【20.jpg】图像素材，单击鼠标右键，在弹出的快捷菜单中选择【粘贴所有属性】选项，如图15-32所示。

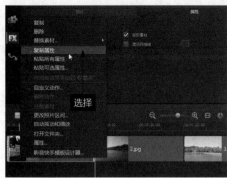

图15-31 选择【复制属性】选项　　　　　　　　图15-32 选择【粘贴所有属性】选项

07 选择【1.jpg】图像素材，进入【照片】选项面板，如图15-33所示。

08 选中【摇动和缩放】单选按钮，单击【自定义】按钮，如图15-34所示。

图15-33 进入【照片】选项面板　　　　　　　　图15-34 单击【自定义】按钮

09 弹出【摇动和缩放】对话框，在其中设置【缩放率】参数为150，在【停靠】选项组中单击左侧中间的按钮，如图15-35所示。

图15-35 单击相应按钮

10 选中最后一个关键帧，设置【缩放率】为220，在【停靠】选项组中单击正中间的按钮，如图15-36所示，单击【确定】按钮即可完成设置。

图15-36 单击相应按钮

11 单击导览面板中的【播放】按钮，可以预览制作的摇动和缩放效果，如图15-37所示。

图15-37 摇动和缩放效果

12 选择【2.jpg】图像素材，进入【照片】选项面板，选中【摇动和缩放】单选按钮，单击【自定义】按钮，弹出【摇动和缩放】对话框，在其中设置【缩放率】参数为140，在【停靠】选项组中单击右侧下方的按钮，如图15-38所示。

图15-38 单击相应按钮

13 选中最后一个关键帧，设置【缩放率】为140，在【停靠】选项组中单击左侧上方的按钮，如图15-39所示，单击【确定】按钮即可完成设置。

图15-39　单击相应按钮

14 选择【3.jpg】图像素材，进入【照片】选项面板，选中【摇动和缩放】单选按钮，单击【自定义】按钮，弹出【摇动和缩放】对话框，在其中设置【缩放率】参数为200，在【停靠】选项组中单击右侧中间的按钮，如图15-40所示。

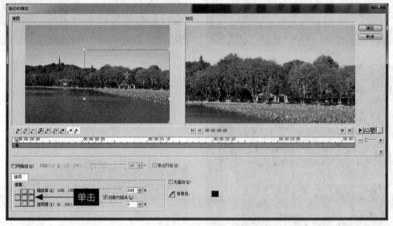

图15-40　单击相应按钮

15 选中最后一个关键帧，设置【缩放率】为150，在【停靠】选项组中单击左侧上方的按钮，如图15-41所示，单击【确定】按钮即可完成设置。

图15-41　单击相应按钮

16 用与上述相同的方法，为【4.jpg~20.jpg】添加摇动和缩放效果，在导览面板中单击【播放】按钮，即可预览制作的视频画面效果，如图15-42所示。

图15-42 预览视频画面效果

15.2.5 制作旅游转场效果

本实例效果如图15-43所示。

图15-43 制作旅游转场效果

● 素　　材 | 无

● 效　　果 | 无

● 视　　频 | 视频\第15章\15.2.5 制作旅游转场效果.mp4

┥ 操作步骤 ┝

01 将时间线移至素材的开始位置，单击【转场】按钮。切换至【转场】选项卡，单击窗口上方的【画廊】按钮，在弹出的列表框中选择【过滤】选项，如图15-44所示。

02 打开【过滤】转场素材库，在其中选择【交叉淡化】转场效果，如图15-45所示。

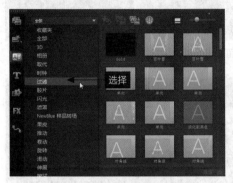

图15-44 选择【过滤】选项　　　　　　　　　图15-45 选择【交叉淡化】转场效果

03 单击鼠标左键并拖曳至视频轨的【片头.wmv】与黑色色块之间，为其添加【交叉淡化】转场效果，如图15-46所示。

04 使用相同的方法，再次在黑色色块与照片素材【1.jpg】之间添加【交叉淡化】转场效果，如图15-47所示。

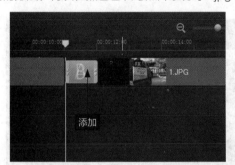

图15-46 添加【交叉淡化】转场效果　　　　　图15-47 再次添加【交叉淡化】转场效果

05 单击窗口上方的【画廊】按钮，在弹出的列表框中选择【胶片】选项，打开【胶片】转场素材库，选择【翻页】转场效果，如图15-48所示。

06 单击鼠标左键并将其拖曳至视频轨中的照片素材【1.jpg】与【2.jpg】之间，即可添加【翻页】转场效果，如图15-49所示。

图15-48 选择【翻页】转场效果　　　　　　　图15-49 添加【翻页】转场效果

07 使用相同的方法，在视频轨的其他位置添加相应的转场效果，此时时间轴面板如图15-50所示。

时间轴面板1

时间轴面板2

时间轴面板3

时间轴面板4

图15-50 时间轴面板

时间轴面板5

图15-50 时间轴面板（续）

08 单击导览面板中的【播放】按钮，预览制作的转场效果，如图15-51所示。

图15-51 预览转场效果

15.2.6 制作旅游片头动画

本实例效果如图15-52所示。

图15-52 制作旅游片头动画

● 素　　材 | 无

● 效　　果 | 无

● 视　　频 | 视频\第15章\15.2.6 制作旅游片头动画.mp4

┃ 操作步骤 ┃

01 在时间轴面板的空白位置处，单击鼠标右键，在弹出的快捷菜单中选择【轨道管理器】选项，如图15-53所示。

02 弹出【轨道管理器】对话框，单击【覆叠轨】右侧的下三角按钮，在弹出的下拉列表框中选择3选项，如图15-54所示。

图15-53 选择【轨道管理器】选项　　　　　　图15-54 选择3选项

03 单击【确定】按钮，即可新增两条覆叠轨，如图15-55所示。

04 将时间线移至00:00:03:00的位置，如图15-56所示。

图15-55 新增两条覆叠轨　　　　　　图15-56 移动时间线

05 在【照片】素材库中，选择照片素材【5.jpg】，单击鼠标左键并将其拖曳至覆叠轨1的时间线位置，如图15-57所示。

06 单击【选项】按钮，打开【编辑】选项面板，设置【照片区间】为00:00:08:01，选中【应用摇动和缩放】复选框，如图15-58所示。

图15-57 拖曳至照片素材【1.jpg】覆叠轨1

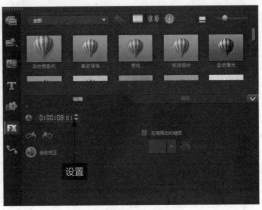

图15-58 设置区间值

07 切换至【属性】选项面板，在其中单击【淡入动画效果】按钮和【淡出动画效果】按钮，如图15-59所示。
08 在预览窗口中，拖曳素材四周的控制柄，调整素材的形状，效果如图15-60所示。

图15-59 单击相应按钮

图15-60 调整素材的形状

09 将时间线移至00:00:05:00的位置，在【照片】素材库中，选择照片素材【18.jpg】，单击鼠标左键并将其拖曳至覆叠轨2的时间线位置，如图15-61所示。
10 单击【选项】按钮，打开【编辑】选项面板，设置区间为00:00:06:01，如图15-62所示。

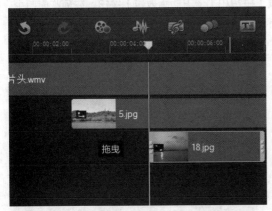

图15-61 拖曳照片素材【18.jpg】至覆叠轨

图15-62 设置区间值

11 在选项面板中选中【应用摇动和缩放】复选框，单击下方的下三角按钮，在弹出的列表框中选择相应预设动画样式，如图15-63所示。
12 切换至【属性】选项面板，在其中单击【淡入动画效果】按钮和【淡出动画效果】按钮。在预览窗口中，拖曳照片素材四周的控制柄，调整素材的形状，如图15-64所示。

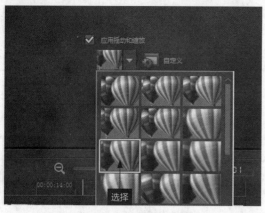

图15-63 选择预设动画样式

图15-64 调整素材的形状

13 将时间线移至00:00:04:00的位置，在【照片】素材库中，选择照片素材【15.jpg】，单击鼠标左键并将其拖曳至覆叠轨3的时间线位置，如图15-65所示。

14 单击【选项】按钮，打开【编辑】选项面板，设置区间为00:00:07:01，如图15-66所示。

图15-65 拖曳照片素材【15.jpg】至覆叠轨

图15-66 设置区间值

15 在选项面板中选中【应用摇动和缩放】复选框，单击下方的下三角按钮，在弹出的列表框中选择相应预设动画样式，如图15-67所示。

16 切换至【属性】选项面板，在其中单击【淡入动画效果】按钮和【淡出动画效果】按钮。在预览窗口中，拖曳照片素材四周的控制柄，调整素材的形状，如图15-68所示。

图15-67 选择预设动画样式

图15-68 调整素材的形状

17 执行上述操作后，即可完成片头动画的制作，单击导览面板中的【播放】按钮，预览片头动画效果，如图15-69所示。

图15-69　预览片头动画效果

15.2.7　制作旅游边框动画

本实例效果如图15-70所示。

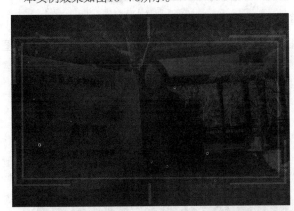

图15-70　制作旅游边框动画

- 素　　材▕素材\第15章\边框.png
- 效　　果▕无
- 视　　频▕视频\第15章\15.2.7　制作旅游边框动画mp4

▌操作步骤▐

01 在时间轴面板中，将时间线移至00:00:12:00的位置，如图15-71所示。

02 执行菜单栏中的【文件】|【将媒体文件插入到素材库】|【插入照片】命令，如图15-72所示。

图15-71 移动时间线

图15-72 单击【插入照片】命令

03 弹出【浏览照片】对话框，选择需要添加的照片素材【边框.png】，如图15-73所示。

04 单击【打开】按钮，即可将素材添加至【照片】素材库中，如图15-74所示。

图15-73 选择照片素材【边框.png】

图15-74 添加至【照片】素材库

05 在【照片】素材库中选择【边框.png】素材，单击鼠标左键，并将其拖曳至覆叠轨1的时间线位置，如图15-75所示。

06 在预览窗口中选择该素材，单击鼠标右键，在弹出的快捷菜单中选择【调整到屏幕大小】选项，如图15-76所示。

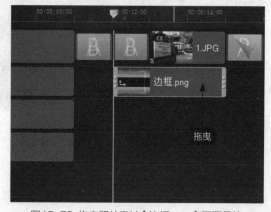

图15-75 拖曳照片素材【边框.png】至覆叠轨

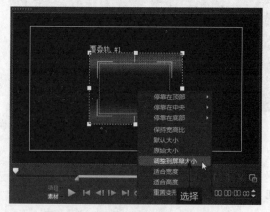

图15-76 选择【调整到屏幕大小】选项

07 单击【选项】按钮，打开【属性】选项面板，在其中单击【淡入动画效果】按钮，如图15-77所示。

08 在【属性】选项面板中，单击【遮罩和色度键】按钮，如图15-78所示。

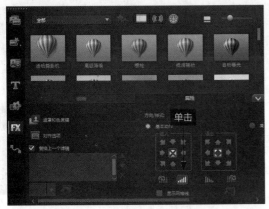

图15-77　单击【淡入动画效果】按钮

图15-78　单击【遮罩和色度键】按钮

09 弹出相应面板，在其中设置【透明度】为10，如图15-79所示。

10 切换至【编辑】选项面板，设置区间为00:00:02:00，如图15-80所示。

图15-79　设置【透明度】

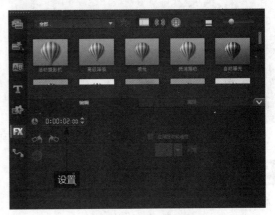

图15-80　设置区间值

11 在覆叠轨中单击鼠标右键，在弹出的快捷菜单中选择【复制】选项，将鼠标移至覆叠轨右侧需要粘贴的位置处，此时显示白色色块，单击鼠标左键，即可完成对复制的素材对象进行粘贴操作，如图15-81所示。

12 单击【选项】按钮，切换至【编辑】选项面板，在其中设置区间为00:00:57:01，如图15-82所示，切换至【属性】选项面板，单击【淡入动画效果】按钮，取消淡入动画效果。

图15-81　对素材对象进行粘贴

图15-82　设置区间值

13 用与上述同样的方法，在其他位置制作相同的边框特效，即可完成边框动画效果的制作。单击导览面板中的【播放】按钮，即可预览制作的边框动画效果，如图15-83所示。

图15-83 制作视频片尾覆叠

15.2.8 制作视频片尾覆叠

本实例效果如图15-84所示。

图15-84 制作旅游边框动画

- ● 素　　材 **|** 无
- ● 效　　果 **|** 无
- ● 视　　频 **|** 视频\第15章\15.2.8 制作视频片尾覆叠.mp4

┨ 操作步骤 ┠

01 在时间轴面板中将时间线移至00:01:14:01的位置，如图15-85所示。

02 在【照片】素材库中，选择照片素材【16.jpg】，单击鼠标左键并将其拖曳至覆叠轨1的时间线位置，如图15-86所示。

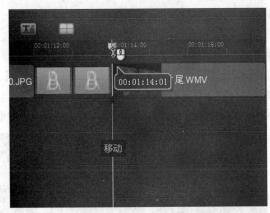

图15-85 移动时间线

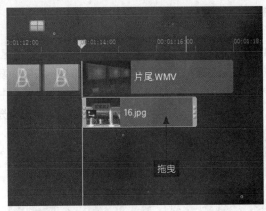

图15-86 拖曳照片素材【16.jpg】至覆叠轨

03 单击【选项】按钮，打开【编辑】选项面板，设置区间为00:00:04:00，如图15-87所示。

04 选中【应用摇动和缩放】复选框，单击下方的下三角按钮，在弹出的列表框中选择相应的预设动画样式。切换至【属性】选项面板，在其中单击【淡入动画效果】按钮和【淡出动画效果】按钮。在预览窗口中调整素材的形状，如图15-88所示。

图15-87 设置区间值

图15-88 调整素材形状

05 在【照片】素材库中，选择照片素材【19.jpg】，单击鼠标左键并将其拖曳至覆叠轨2的相应位置，如图15-89所示。

06 单击【选项】按钮，打开【编辑】选项面板，设置区间为00:00:04:00。选中【应用摇动和缩放】复选框，单击下方的下三角按钮，在弹出的列表框中选择相应的预设动画样式，切换至【属性】选项面板，在其中单击【淡入动画效果】按钮和【淡出动画效果】按钮。在预览窗口中调整素材的形状，如图15-90所示。

图15-89 拖曳照片素材【19.jpg】至覆叠轨

图15-90 调整素材形状

07 在【照片】素材库中，选择【13.jpg】照片素材，单击鼠标左键并将其拖曳至覆叠轨3的相应位置，如图15-91所示。

08 单击【选项】按钮，打开【编辑】选项面板，设置区间为00:00:04:00。选中【应用摇动和缩放】复选框，单击下方的下三角按钮，在弹出的列表框中选择相应的预设动画样式。切换至【属性】选项面板，在其中单击【淡入动画效果】按钮和【淡出动画效果】按钮。在预览窗口中调整素材的形状，如图15-92所示。

09 执行上述操作后，即可完成片尾覆叠的制作。单击导览面板中的【播放】按钮，即可预览制作的片尾覆叠效果。

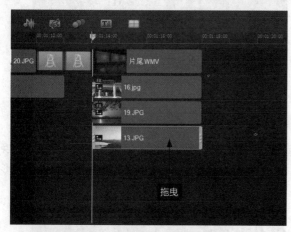

图15-91 拖曳照片素材至覆叠轨

图15-92 调整素材形状

15.2.9 制作标题字幕动画

本实例效果如图15-93所示。

图15-93 制作标题字幕动画

- ● 素　材 | 无
- ● 效　果 | 无
- ● 视　频 | 视频\第15章\15.2.9 制作标题字幕动画.mp4

┃ 操作步骤 ┃

01 在时间轴面板中将时间线移至00:00:05:00的位置，如图15-94所示。

02 单击【标题】按钮，切换至【标题】选项卡。在预览窗口中的适当位置输入文字【西湖美景】，并在每个字之间添加一个空格，如图15-95所示。

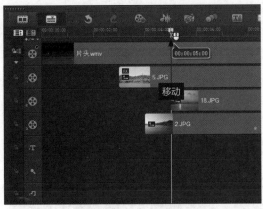

图15-94 移动时间线

图15-95 输入文字

03 打开【编辑】选项面板，在其中设置【区间】为00:00:06:01，设置【字体】为【叶根友毛笔行书2.0版】、【字体大小】为122、【色彩】为【洋红】，如图15-96所示。

04 单击【边框/阴影/透明度】按钮，弹出【边框/阴影/透明度】对话框，在【边框】选项卡中设置相应参数，如图15-97所示。

图15-96 设置相应选项

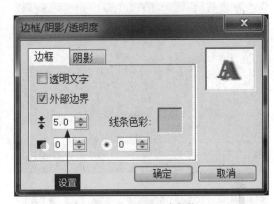

图15-97 设置相应参数

05 切换至【阴影】选项卡，单击【下垂阴影】按钮，在其中设置相应参数，如图15-98所示。

06 设置完成后，单击【确定】按钮，切换至【属性】选项面板，选中【动画】单选按钮和【应用】复选框，设置【选取动画类型】为【淡化】，在下方的下拉列表框中选择相应预设动画样式，如图15-99所示。

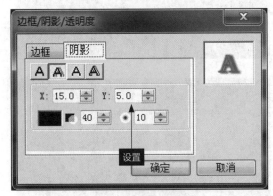

图15-98 设置相应参数

图15-99 选择预设动画样式

07 执行上述操作后，即可完成该标题效果的制作。单击导览面板中的【播放】按钮，可以在预览窗口中预览该标题文字的效果，如图15-100所示。

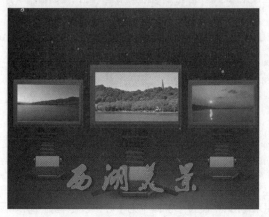

图15-100 预览标题字幕动画效果

08 用与上述相同的方法输入其他文字，并设置相应的文字属性与动画类型，单击导览面板中的【播放】按钮，在预览窗口中即可预览制作的标题字幕动画效果，如图15-101所示。

图15-101 预览标题字幕动画效果

15.3 影片后期处理

　　对影片效果进行编辑处理后，接下来就需要对影片进行后期编辑与输出，使制作的视频效果更加完美。本节主要介绍影片后期处理的方法，包括制作旅游音频特效、渲染输出影片文件等。

15.3.1 制作旅游音频特效

- **素　材┃**素材\第15章\音乐.mp3
- **效　果┃**无
- **视　频┃**视频\第15章\15.3.1制作旅游音频特效.mp4

┃操作步骤┃

01 将时间线移至素材的开始位置，在时间轴面板的空白位置处单击鼠标右键，在弹出的快捷菜单中选择【插入音频】|【到音乐轨#1】选项，如图15-102所示。

02 弹出【打开音频文件】对话框，在计算机的相应位置选择需要的音频文件【音乐.mp3】，如图15-103所示。

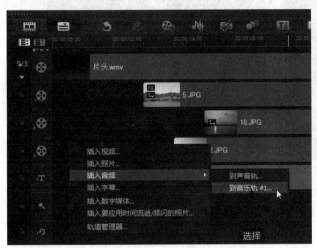

图15-102 选择【到音乐轨#1】选项　　　　　　　图15-103 选择音频文件

03 单击【打开】按钮，即可将音频文件添加至音乐轨中，如图15-104所示。

04 在时间轴面板中，将时间线移至00:01:18:01的位置，如图15-105所示。

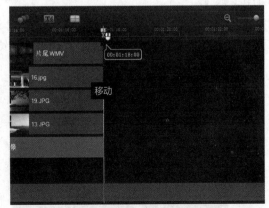

图15-104 添加至音乐轨　　　　　　　　　　图15-105 移动时间线位置

05 选择音乐轨中的音频素材，单击鼠标右键，在弹出的快捷菜单中选择【分割素材】选项，如图15-106所示。

06 执行上述操作后，即可将音频素材剪辑成两段，如图15-107所示。

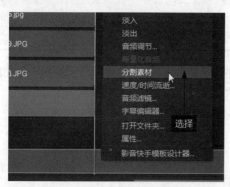

图15-106 选择【分割素材】选项

图15-107 将音频素材剪辑成两段

07 选择后面的音频素材，按【Delete】键将其删除，如图15-108所示。

08 在音乐轨中选择添加的音频素材，单击【选项】按钮，打开【音乐和声音】选项面板，在其中单击【淡入】按钮和【淡出】按钮，如图15-109所示，即可完成音频特效的制作。

09 单击导览面板中的【播放】按钮，预览音频的淡入淡出效果。

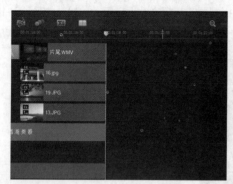

图15-108 删除音频素材

图15-109 单击相应按钮

15.3.2 渲染输出影片文件

- 素 材 | 无
- 效 果 | 效果\第15章\旅游记录《西湖美景》.VSP
- 视 频 | 视频\第15章\15.3.2 渲染输出影片文件.mp4

┃ 操作步骤 ┃

01 切换至【共享】步骤面板，在其中选择【MPEG-4】选项，如图15-110所示。

02 在下方弹出的面板中，单击【文件位置】右侧的【浏览】按钮，如图15-111所示。

图15-110 选择【MPEG-4】选项

图15-111 单击【浏览】按钮

03 弹出【浏览】对话框，在其中设置文件的保存位置和名称，如图15-112所示。

04 设置完成后，单击【保存】按钮，返回会声会影【共享】步骤面板，单击【开始】按钮，开始渲染视频文件，并显示渲染进度，如图15-113所示。渲染完成后，即可完成影片文件的渲染输出。

图15-112 设置保存位置和名称

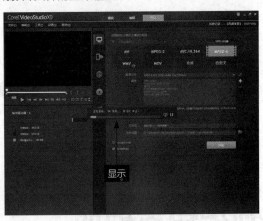

图15-113 显示渲染进度

第 16 章

制作写真相册
《时尚丽人》

本章学习要点

导入写真影像素材

制作写真背景画面

制作画中画摇动效果

制作视频片头字幕特效

制作视频主体画面字幕特效

制作视频背景音效

个人写真对于每个人来说，都是值得回忆的美好，而通过会声会影把静态的写真变成动态的视频，将为其增加收藏价值。本章主要介绍制作个人写真视频的操作方法。

16.1 实例分析

在会声会影中，用户可以将摄影师拍摄的各种写真照片巧妙地组合在一起，为其添加各种摇动效果、字幕效果、背景音乐，并为其制作画中画特效。在制作《时尚丽人》视频效果之前，首先预览项目效果，并掌握项目技术提炼等内容。

16.1.1 案例效果欣赏

本实例的最终视频效果如图16-1所示。

图16-1 案例效果欣赏

16.1.2 实例技术点睛

首先进入会声会影X9编辑器，在视频轨中添加需要的写真摄影素材，为照片素材制作画中画特效，并添加摇动效果，然后根据影片的需要制作字幕特效，最后添加音频特效，并将影片渲染输出。

16.2 制作视频效果

本节主要介绍《时尚丽人》视频文件的制作过程，如导入写真媒体素材、制作写真背景画面、制作画中画特效、制作视频片头字幕特效、制作视频主体画面字幕等内容，希望读者熟练掌握写真视频效果的各种制作方法。

16.2.1 导入写真影像素材

本实例效果如图16-2所示。

图16-2 导入写真影像素材

- 素　　材 | 素材\第16章\1.jpg～10.jpg、背景视频.mpg
- 效　　果 | 无
- 视　　频 | 视频\第16章\16.2.1 导入写真影像素材.mp4

│ 操作步骤 │

01 进入会声会影编辑器，在【媒体】素材库中新建一个【文件夹】素材库，如图16-3所示。

02 在右侧的空白位置处单击鼠标右键，弹出快捷菜单，选择【插入媒体文件】选项，如图16-4所示。

 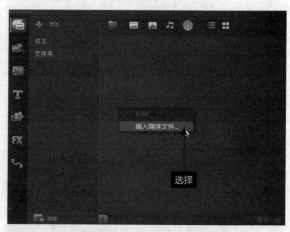

图16-3 新建一个文件夹　　　　　　　　　图16-4 选择【插入媒体文件】选项

03 执行操作后，弹出【浏览媒体文件】对话框，在其中选择需要插入的写真媒体素材文件，如图16-5所示。

04 单击【打开】按钮，即可将素材导入【文件夹】中，在其中用户可查看导入的素材文件，如图16-6所示。

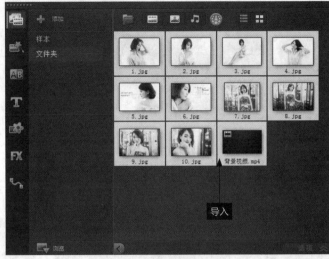

图16-5 选择照片素材　　　　　　　　　　　图16-6 将照片素材导入文件夹

05 选择相应的写真影像素材，在导览面板中单击【播放】按钮，即可预览导入的素材画面效果，如图16-7所示。

图16-7 预览导入的素材画面效果

图16-7 预览导入的素材画面效果（续）

16.2.2 制作写真背景画面

本实例效果如图16-8所示。

图16-8 制作写真背景画面

- 素　　材 | 无
- 效　　果 | 无
- 视　　频 | 视频\第16章\16.2.2 制作写真背景画面.mp4

┃ 操作步骤 ┃

01 在【文件夹】选项卡中，选择【背景视频】视频素材，如图16-9所示。

02 单击鼠标左键并拖曳至视频轨中的相应位置，如图16-10所示。

图16-9 选择【背景视频】视频素材　　　　　图16-10 拖曳至视频轨的相应位置

03 进入【视频】选项面板，在其中设置视频素材的区间为00:00:11:23，如图16-11所示。

04 在时间轴面板中，选择视频素材，单击鼠标右键，在弹出的快捷菜单中选择【静音】选项，如图16-12所示。

图16-11 设置视频素材的区间

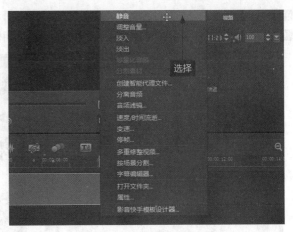

图16-12 选择【静音】选项

05 在时间轴面板中可以查看制作的背景视频静音效果，如图16-13所示。

06 用与上同样的方法，再次在时间轴面板的视频轨中添加背景视频，如图16-14所示。

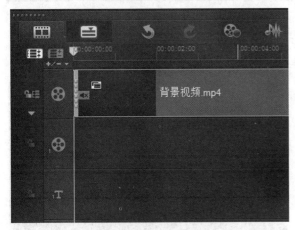

图16-13 查看静音效果

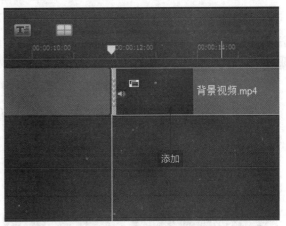

图16-14 再次添加视频效果

07 进入【视频】选项面板，在其中单击【速度/时间流逝】按钮，如图16-15所示。

08 执行操作后，弹出【速度/时间流逝】对话框，如图16-16所示。

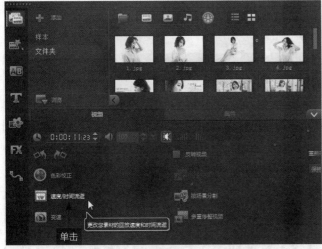

图16-15 单击【速度/时间流逝】按钮

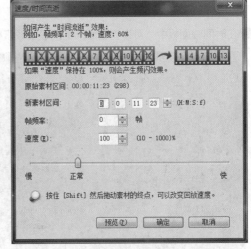

图16-16 弹出【速度/时间流逝】对话框

09 在【速度/时间流逝】对话框中，设置【新素材区间】为00:00:48:00，如图16-17所示。

10 执行操作后，单击【确定】按钮，在【视频】选项面板中可以查看视频区间，如图16-18所示。

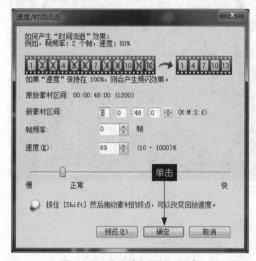

图16-17 设置【新素材区间】

图16-18 查看视频区间

11 在【视频】选项面板中单击【静音】按钮，如图16-19所示。

12 执行操作后，即可在时间轴面板中查看添加的静音效果，如图16-20所示。

图16-19 单击【静音】按钮

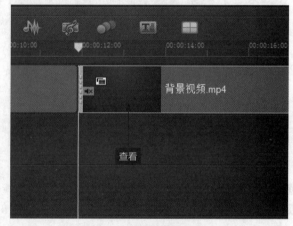

图16-20 查看静音效果

13 在时间轴面板中，可以查看添加的两段视频素材效果，如图16-21所示。

图16-21 查看添加的两段视频素材效果

16.2.3 制作视频画中画特效

本实例效果如图16-22所示。

图16-22 制作视频画中画特效

- ● 素　　材|无
- ● 效　　果|无
- ● 视　　频|视频\第16章\16.2.3 制作视频画中画特效.mp4

┨ 操作步骤 ┠

01 将时间线移至00:00:07:11的位置处，如图16-23所示。

02 在素材库中选择【1.jpg】照片素材，如图16-24所示。

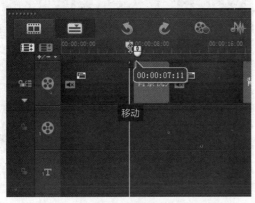

图16-23 移动时间线　　　　　　　　　　图16-24 选择照片素材【1.jpg】

03 单击鼠标左键，并将其拖曳至视频轨中的时间线位置，如图16-25所示。

04 执行上述操作后，即可将照片素材【1.jpg】添加至覆叠轨中，在预览窗口中，单击鼠标右键，在弹出的快捷菜单中，选择【调整到屏幕大小】选项，如图16-26所示。

图16-25 拖曳至覆叠轨中　　　　　　　　图16-26 选择【调整到屏幕大小】选项

05 再次单击鼠标右键，在弹出的快捷菜单中选择【保持宽高比】选项，如图16-27所示。

06 在【编辑】选项面板中，选中【应用摇动和缩放】复选框，如图16-28所示。

图16-27 选择【保持宽高比】选项

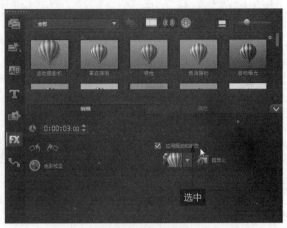

图16-28 选中【应用摇动和缩放】复选框

07 在下方选择相应的摇动样式，如图16-29所示。

08 在【属性】选项面板中，单击【淡入动画效果】按钮，如图16-30所示。

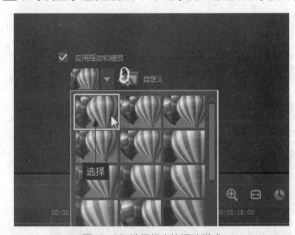

图16-29 选择相应的摇动样式

图16-30 单击【淡入动画效果】按钮

09 单击【遮罩和色度键】按钮，进入相应选项面板，在其中选中【应用覆叠选项】复选框，如图16-31所示。

10 执行上述操作后，设置【类型】为遮罩帧，如图16-32所示。

图16-31 选中【应用覆叠选项】复选框

图16-32 设置【类型】为遮罩帧

11 在右侧弹出的列表框中，选择相应的遮罩样式，如图16-33所示。

12 执行上述操作后，可以在时间轴面板中查看覆叠素材，如图16-34所示。

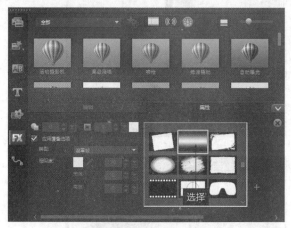

图16-33 选择相应的遮罩样式

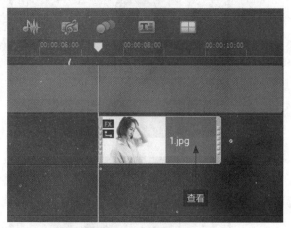

图16-34 查看覆叠素材

13 单击导览面板中的【播放】按钮，预览制作的视频画中画效果，如图16-35所示。

图16-35 预览制作的视频画中画效果

14 将时间线移至00:00:12:19的位置处，如图16-36所示。

15 在素材库中依次选择2.jpg~10.jpg照片素材，如图16-37所示，将选择的素材添加至覆叠轨中的时间线位置。

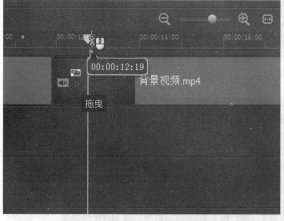

图16-36 移动时间线

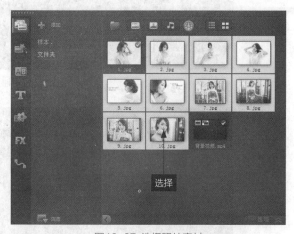

图16-37 选择照片素材

16 在预览窗口中依次调整覆叠素材的大小，如图16-38所示。

图16-38 调整覆叠素材大小

17 设置完成后，在【编辑】选项面板中分别设置2.jpg～10.jpg照片的区间为0:00:04:10、0:00:02:23、0:00:03:15、0:00:04:22、0:00:04:10、0:00:03:17、0:00:03:23、0:00:04:08、0:00:03:20，时间轴如图16-39所示。

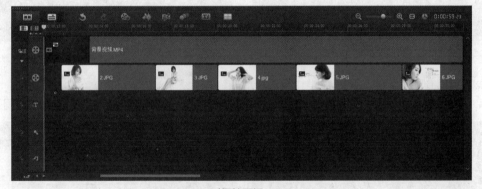

时间轴面板1

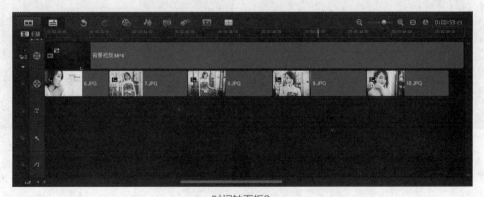

时间轴面板2

图16-39 预览制作的视频画中画效果

16.2.4　制作画中画摇动效果

本实例效果如图16-40所示。

图16-40 制作画中画摇动效果

● 素　　材┃无

● 效　　果┃无

● 视　　频┃视频\第16章\16.2.4 制作画中画摇动效果.mp4

┃操作步骤┃

01 在覆叠轨中选择照片素材【2.jpg】，如图16-41所示。

02 在【编辑】选项面板中选中【应用摇动和缩放】单选按钮，如图16-42所示。

图16-41 选择照片素材　　　　　　　　　　　图16-42 选中【应用摇动和缩放】单选按钮

03 单击下方的下三角按钮，在弹出的列表框中选择相应的预设动画样式，如图16-43所示。

04 选择照片素材【3.jpg】，效果如图16-44所示。

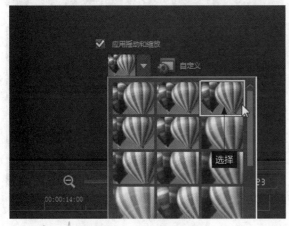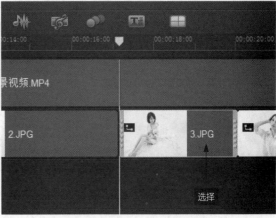

图16-43 选择照片素材　　　　　　　　　　　图16-44 选择照片素材【3.jpg】

05 在【编辑】选项面板中选中【应用摇动和缩放】单选按钮，如图16-45所示。

06 单击下方的下三角按钮，在弹出的列表框中选择相应的预设动画样式，效果如图16-46所示。

图16-45 选中【应用摇动和缩放】单选按钮　　　　　　　图16-46 选择相应的预设动画样式

07 使用相同的方法，设置其他照片素材的摇动和缩放动画效果，并设置相应的预设动画样式，效果如图16-47所示。

图16-47 预览摇动和缩放动画效果

16.2.5 制作视频片头字幕特效

本实例效果如图16-48所示。

图16-48 制作视频片头字幕效果

- 素　　材 | 无
- 效　　果 | 无
- 视　　频 | 视频\第16章\16.2.5 制作视频片头字幕特效.mp4

操作步骤

01 在时间轴面板中,将时间线移至00:00:01:18的位置处,如图16-49所示。

02 单击【标题】按钮,切换至【标题】选项卡,如图16-50所示。

 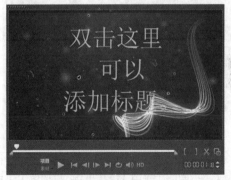

图16-49 移动时间线　　　　　　　　　图16-50 切换至【标题】选项卡

03 在预览窗口中的适当位置输入文本内容,如图16-51所示。

04 字幕中间各加一个空格,如图16-52所示。

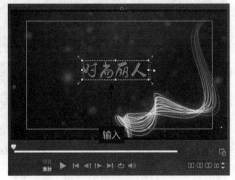 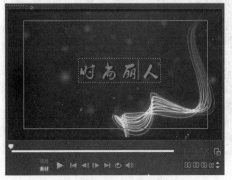

图16-51 输入文本内容　　　　　　　　　图16-52 在字间加空格

05 在【编辑】选项面板中设置【字体】为【叶根友毛笔行书2.0版】，如图16-53所示。

06 设置【字体大小】为169，如图16-54所示。

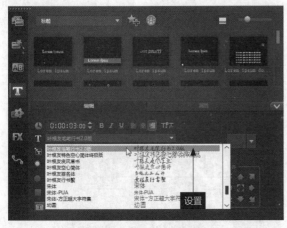 

图16-53 设置【字体】 　　　　　　图16-54 设置【字体大小】

07 设置【色彩】为黄色，如图16-55所示。

08 单击【粗体】按钮，如图16-56所示。

图16-55 设置【色彩】为黄色 　　　　　　图16-56 单击【粗体】按钮

09 设置【区间】为0:00:01:08，在时间轴可以查看素材区间，如图16-57所示。

10 在【编辑】选项面板中单击【边框/阴影/透明度】按钮，如图16-58所示。

图16-57 查看素材区间 　　　　　　图16-58 单击【边框/阴影/透明度】按钮

11 弹出【边框/阴影/透明度】对话框，如图16-59所示。

12 选中【外部边界】复选框，设置【边框宽度】为4.0、【线条色彩】为红色，如图16-60所示。

图16-59 弹出相应对话框

图16-60 设置相应参数

13 切换至【阴影】选项卡，单击【突起阴影】按钮，如图16-61所示。

14 设置X为10.0、Y为10.0、颜色为黑色，如图16-62所示。

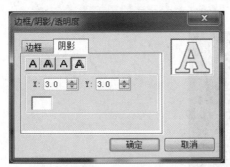

图16-61 单击【突起阴影】按钮

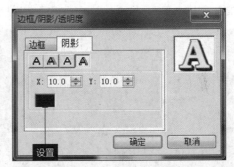

图16-62 设置相应参数

15 设置完成后，单击【确定】按钮，切换至【属性】选项面板，如图16-63所示。

16 选中【动画】单选按钮和【应用】复选框，如图16-64所示。

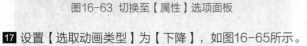

图16-63 切换至【属性】选项面板

图16-64 选中【应用】复选框

17 设置【选取动画类型】为【下降】，如图16-65所示。

18 在下方选择第1排第2个下降样式，如图16-66所示。

图16-65 设置【选取动画类型】

图16-66 选中【应用】复选框

19 执行上述操作后，单击【自定义动画属性】按钮，如图16-67所示。

20 弹出【下降动画】对话框，在其中选中【加速】复选框，如图16-68所示。

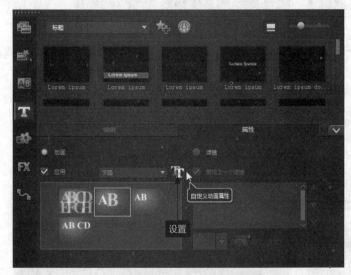

图16-67 单击【自定义动画属性】按钮

图16-68 选中【加速】复选框

21 单击【确定】按钮，即可设置标题字幕动画效果，将制作的标题字幕复制到右侧合适位置，如图16-69所示。

22 设置字幕区间为0:00:04:09，如图16-70所示。

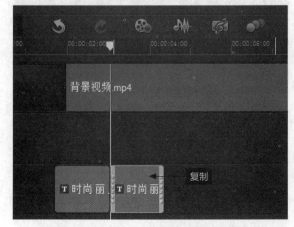

图16-69 单击【自定义动画属性】按钮

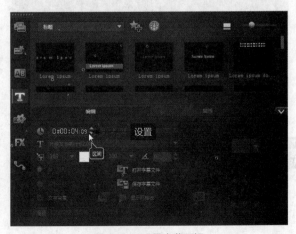

图16-70 设置字幕区间

23 在【属性】选项面板中取消选中【应用】复选框，取消字幕动画效果，如图16-71所示。

24 执行上述操作后，即可在时间轴面板中查看制作的片头字幕，如图16-72所示。

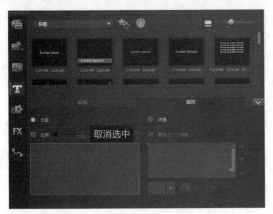
图16-71　单击【自定义动画属性】按钮

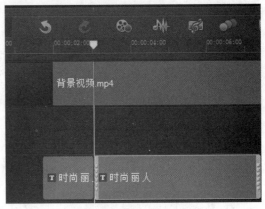
图16-72　查看制作的片头字幕

16.2.6 制作视频主体画面字幕特效

本实例效果如图16-73所示。

图16-73　制作视频主体画面字幕特效

- **素　　材** | 无
- **效　　果** | 无
- **视　　频** | 视频第16章\16.2.6 制作视频主体画面字幕特效.mp4

┤操作步骤├

01 在标题轨中，将上一例制作的标题字幕文件复制到标题轨的右侧，如图16-74所示。

02 更改字幕内容为【倾国倾城】，如图16-75所示。

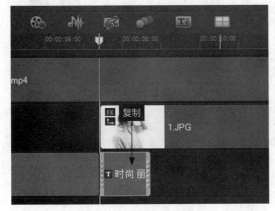
图16-74　预览文字效果

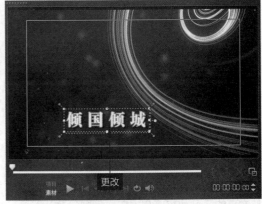
图16-75　更改字幕内容

03 在选项面板中设置【字体】为【方正大标宋简体】，如图16-76所示。

04 设置【字体大小】为94，如图16-77所示。

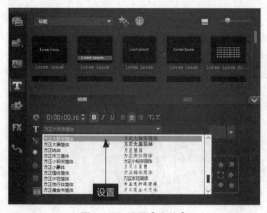

图16-76 设置【字体】

图16-77 设置【字体大小】

05 设置【色彩】为白色，单击【粗体】按钮，如图16-78所示。

06 调整字幕的区间为0:00:00:20，如图16-79所示。

图16-78 单击【粗体】按钮

图16-79 调整字幕的区间为0:00:00:20

07 单击【边框/阴影/透明度】按钮，如图16-80所示。

08 弹出相应对话框，在其中设置【边框宽度】为9.4、【线条色彩】为红色，单击【确定】按钮，如图16-81所示，即可在预览窗口中预览字幕效果。

图16-80 单击【边框/阴影/透明度】按钮

图16-81 单击【确定】按钮

09 复制刚刚制作的字幕文件到右侧位置，如图16-82所示。

10 调整字幕的区间为0:00:03:18，如图16-83所示。

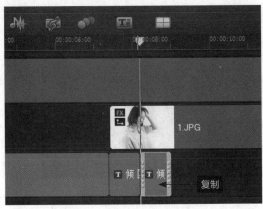

图16-82　复制字幕

图16-83　调整字幕的区间

11 在【属性】选项面板中，取消选中【应用】复选框，如图16-84所示。

12 将时间线移至00:00:12:19的位置处，如图16-85所示。

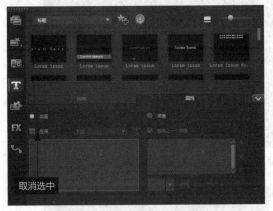

图16-84　取消选中【应用】复选框

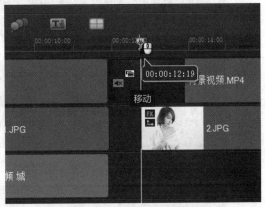

图16-85　移动时间线

13 用与上同样的方法，再次复制字幕文件，如图16-86所示。

14 更改字幕的内容为【貌若天仙】，并调整字幕文件的位置，如图16-87所示。

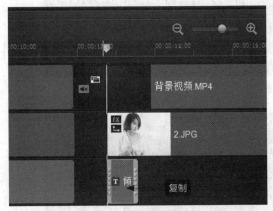

图16-86　复制字幕文件

图16-87　调整字幕文件的位置

15 复制刚刚制作的字幕文件到右侧位置，并更改字幕区间，如图16-88所示。

16 在【属性】选项面板中，取消选中【应用】复选框，如图16-89所示。

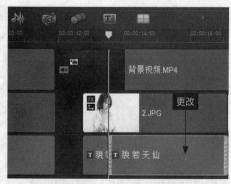

图16-88 更改字幕区间

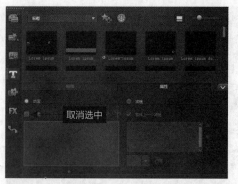

图16-89 调整字幕文件的位置

17 用与上述同样的方法，在标题轨中对字幕文件进行多次复制操作，然后更改字幕的文本内容和区间长度，在预览窗口中调整字幕的摆放位置，时间轴面板中的字幕文件如图16-90所示。

时间轴面板1

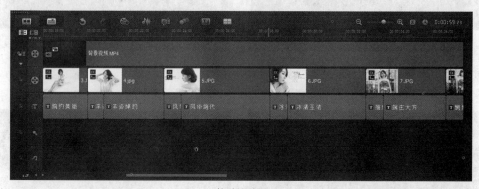

时间轴面板2

时间轴面板3

图16-90 时间轴面板

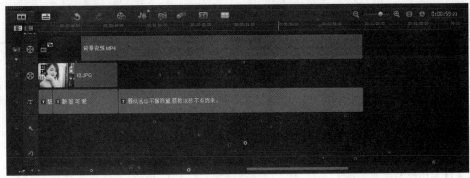

时间轴面板4

图16-90　时间轴面板（续）

18 制作完成后，单击导览面板中的【播放】按钮，预览字幕动画效果，如图16-91所示。

图16-91　预览字幕动画效果

16.3 影片后期处理

通过后期处理，不仅可以对写真视频的原始素材进行合理编辑，而且可以为影片添加各种音乐及特效，使影片更具珍藏价值。本节主要介绍影片的后期编辑与刻录，包括制作写真摄影视频的音频特效和输出视频文件等内容。

16.3.1 制作视频背景音效

- 素　　材┃素材\第16章\背景音乐.mp3
- 效　　果┃无
- 视　　频┃视频\第16章\16.3.1 制作视频背景音乐.mp4

┃操作步骤┃

01 将时间线移至素材的开始位置，如图16-92所示。

02 在时间轴面板中单击鼠标右键，在弹出的快捷菜单中选择【插入音频】|【到音乐轨#1】选项，如图16-93所示。

图16-92 移动时间线

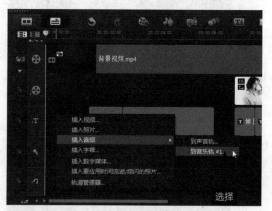

图16-93 选择相应选项

03 弹出【打开音频文件】对话框，在其中选择需要的音频文件【背景音乐.mp3】，如图16-94所示。

04 单击【打开】按钮，即可将音频文件添加至【音乐轨1】中，如图16-95所示。

图16-94 选择音频素材

图16-95 添加音频素材

05 进入【音乐和声音】选项面板，如图16-96所示。

06 单击【速度/时间流逝】按钮，弹出【速度/时间流逝】对话框，如图16-97所示。

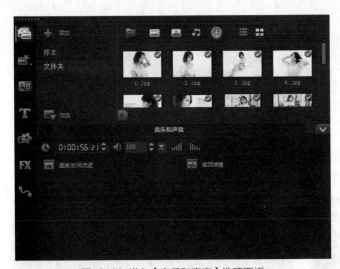

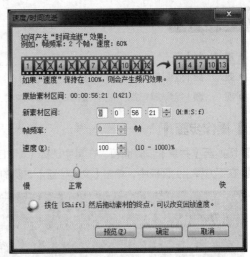

图16-96　进入【音乐和声音】选项面板　　　　　　　图16-97　弹出【速度/时间流逝】对话框

07 设置【新素材区间】为0：0：59：22，如图16-98所示。

08 单击【确定】按钮，在【音乐和声音】选项面板中单击【淡入】按钮和【淡出】按钮，如图16-99所示。

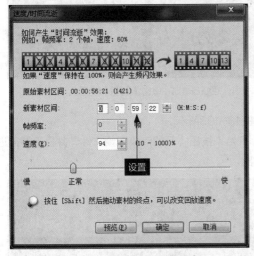

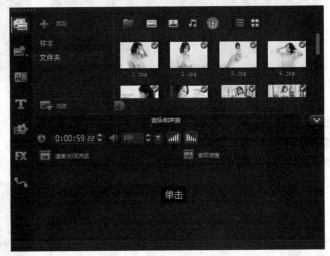

图16-98　设置【新素材区间】　　　　　　　　　　　图16-99　单击相应按钮

09 执行上述操作后，即可完成音频特效的制作，单击导览面板中的【播放】按钮，预览音频的淡入淡出效果，时间轴面板如图16-100所示。

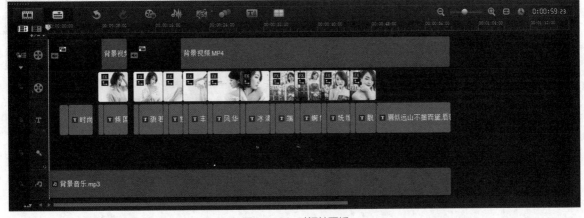

图16-100　时间轴面板

16.3.2 渲染输出影片文件

- ● 素　　材 | 无
- ● 效　　果 | 效果\第16章\制作写真相册《时尚丽人》.VSP
- ● 视　　频 | 视频\第16章\16.3.2 渲染输出影片文件.mp4

操作步骤

01 切换至【共享】步骤面板，在其中选择【MPEG-4】选项，如图16-101所示。

02 在下方弹出的面板中，单击【文件位置】右侧的【浏览】按钮，如图16-102所示。

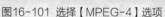

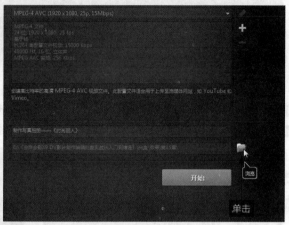

图16-101 选择【MPEG-4】选项　　　　　　　　图16-102 单击【浏览】按钮

03 弹出【浏览】对话框，在其中设置文件的保存位置和名称，如图16-103所示。

04 单击【保存】按钮，返回会声会影【共享】步骤面板，单击【开始】按钮，开始渲染视频文件，并显示渲染进度，如图16-104所示。渲染完成后，即可完成影片文件的渲染输出。

图16-103 设置保存位置和名称　　　　　　　　图16-104 显示渲染进度

第 **17** 章

制作电商视频
《照片处理》

本章学习要点

导入照片处理素材

制作丰富的背景动画

制作片头画面特效

制作覆叠素材画面效果

制作视频字幕效果

制作视频背景音乐

所谓电商产品视频，是指在各大网络电商贸易平台，如淘宝网、当当网、易趣网、拍拍网、京东网上投放的，对商品、品牌进行宣传的视频。本章主要向大家介绍制作电商产品视频的方法，包括策划、拍摄、剪辑以及添加特效的方法。

17.1 实例分析

在制作《照片处理》视频效果之前，首先预览项目效果，并掌握项目技术提炼等内容，希望读者学完以后可以举一反三，制作出更多精彩漂亮的影视短片作品。

17.1.1 案例效果欣赏

本实例的最终视频效果如图17-1所示。

图17-1 案例效果欣赏

17.1.2 实例技术点睛

用户首先需要将电商视频的素材导入素材库中，然后添加背景视频至视频轨中，将照片添加至覆叠轨中，为覆叠素材添加动画效果，然后添加字幕、音乐文件。

17.2 制作视频效果

本节主要介绍《照片处理》视频文件的制作过程，包括导入手机摄影素材、制作视频覆叠动作效果、制作视频字幕效果等内容。

17.2.1 导入照片处理素材

本实例效果如图17-2所示。

图17-2 导入照片处理素材

- 素　　材 | 素材\第17章\1.jpg~6.jpg、视频背景.mp4
- 效　　果 | 无
- 视　　频 | 视频\第17章\17.2.1 导入照片处理素材.mp4

┥ 操作步骤 ┝

01 在界面右上角单击【媒体】按钮，切换至【媒体】素材库，展开库导航面板，单击上方的【添加】按钮，如图17-3所示。

02 执行上述操作后，即可新增一个【文件夹】选项，如图17-4所示。

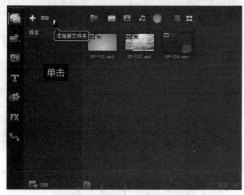

图17-3 单击上方的【添加】按钮　　　　　　图17-4 新增一个【文件夹】选项

03 在菜单栏中，单击【文件】|【将媒体文件插入到素材库】|【插入视频】命令，如图17-5所示。

04 执行操作后，弹出【浏览视频】对话框，在其中选择需要导入的视频素材，如图17-6所示。

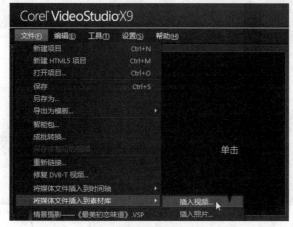

图17-5 单击相应命令　　　　　　图17-6 单击【插入视频】命令

05 单击【打开】按钮，即可将视频素材导入新建的文件夹中，如图17-7所示。

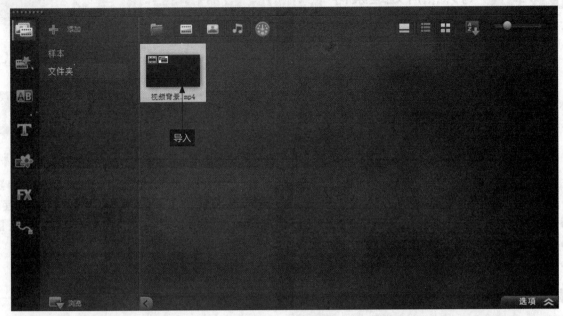

图17-7 导入视频素材

06 选择相应的视频素材，在导览面板中单击【播放】按钮，即可预览导入的视频素材画面效果，如图17-8所示。

 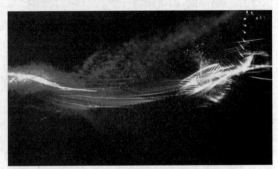

图17-8 预览导入的视频素材画面效果

07 在菜单栏中，单击【文件】|【将媒体插入到素材库】|【插入照片】命令，如图17-9所示。

08 执行操作后，弹出【浏览照片】对话框，在其中选择需要导入的照片素材，如图17-10所示。

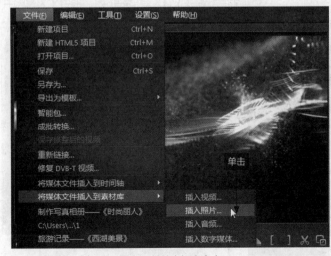 

图17-9 单击相应命令 　　　　　　　　　　　图17-10 选择相应的照片素材

09 单击【打开】按钮，即可将照片素材导入【文件夹】选项卡中，如图17-11所示。

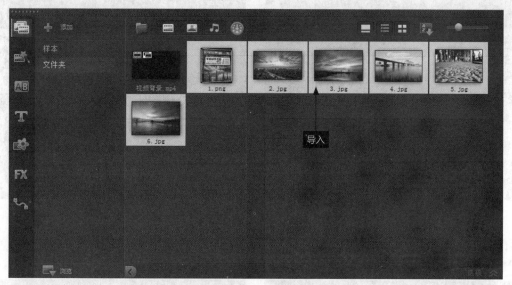

图17-11 导入照片素材

10 在素材库中选择相应的照片素材，在预览窗口中可以预览导入的照片素材画面效果，如图17-12所示。

图17-12 预览照片画面

17.2.2　制作丰富的背景动画

- ● 素　材 | 无
- ● 效　果 | 无
- ● 视　频 | 视频\第17章\17.2.2 制作丰富的背景动画.mp4

┃ 操作步骤 ┃

01 在【视频】素材库中，选择视频素材【视频背景.mp4】，如图17-13所示。

02 单击鼠标左键并将其拖曳至视频轨的开始位置如图17-14所示。

图17-13 选择视频素材

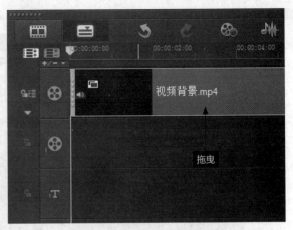

图17-14 拖曳至视频轨的开始位置

03 执行操作后，即可将选择的视频素材插入视频轨中，进入【属性】选项面板，如图17-15所示。

04 选中【变形素材】复选框，如图17-16所示。

图17-15 进入【属性】选项面板

图17-16 选中【变形素材】复选框

05 在预览窗口中拖曳素材四周的控制柄，调整视频至全屏大小，如图17-17所示。

06 对添加的视频素材进行复制操作，将其粘贴至素材的后方，如图17-18所示。

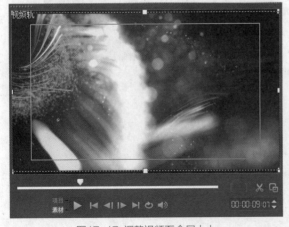

图17-17 调整视频至全屏大小

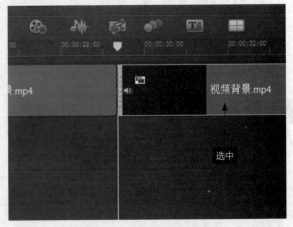

图17-18 粘贴至素材的后方

07 在时间轴面板可以查看添加的视频素材，如图17-19所示。

图17-19　时间轴面板

17.2.3　制作片头画面特效

本实例效果如图17-20所示。

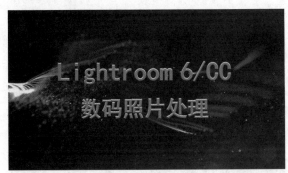

图17-20　制作片头画面特效

- 素　　材┃无
- 效　　果┃无
- 视　　频┃视频\第17章\17.2.3 制作片头画面特效.mp4

┃操作步骤┃

01 将时间线移至0:00:14:10的位置处，如图17-21所示。

02 在素材库中，选择【1.png】图像素材，如图17-22所示。

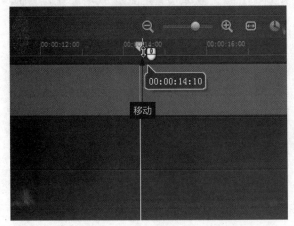

图17-21　移动时间线　　　　　　　　　图17-22　选择【1.png】图像素材

03 单击鼠标左键并将其拖曳至覆叠轨中的时间线位置，如图17-23所示。

04 在【编辑】选项面板中，设置区间为0:00:10:16，如图17-24所示。

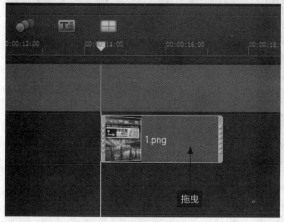

图17-23 添加图像素材

图17-24 设置素材区间

05 在预览窗口中，调整覆叠素材的大小和位置，如图17-25所示。

06 单击鼠标右键，在弹出的快捷菜单中选择【保持宽高比】选项，如图17-26所示。

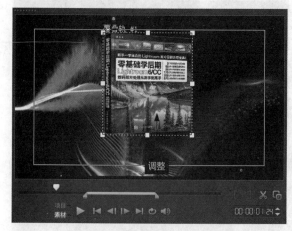

图17-25 调整覆叠素材的大小和位置

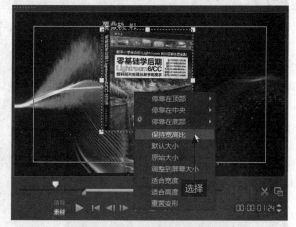

图17-26 选择【保持宽高比】选项

07 进入【属性】选项面板，如图17-27所示。

08 在其中选中【基本动作】单选按钮，在【进入】选项区中，单击【从左边进入】按钮，如图17-28所示。

图17-27 进入【属性】选项面板

图17-28 单击【从左边进入】按钮

09 在【退出】选项区中，单击【从右边退出】按钮，如图17-29所示。

10 执行操作后，即可完成覆叠特效的制作，在预览窗口中可以预览制作的覆叠画面的效果，如图17-30所示。

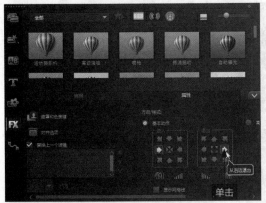

图17-29 单击【从右边退出】按钮

图17-30 预览覆叠画面效果

11 调整时间线滑块至00:00:04:23的位置处，如图17-31所示。

12 切换至【标题素材库】，在预览窗口中的适当位置进行双击操作，如图17-32所示。

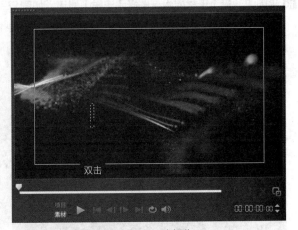

图17-31 移动时间线

图17-32 双击操作

13 为视频添加片头字幕【Lightroom 6/CC数码照片处理】，并在英文与中文之间按【Enter】键进行换行，如图17-33所示。

14 在【编辑】选项面板中，设置区间为0:00:00:24，如图17-34所示。

图17-33 添加字幕文件

图17-34 设置区间

15 设置【字体】为黑体，如图17-35所示。

16 设置【字体大小】为110，如图17-36所示。

图17-35 设置【字体】为黑体

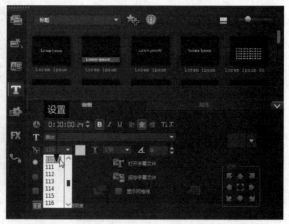

图17-36 设置【字体大小】

17 单击【色彩】色块，选择第1排倒数第2个颜色，如图17-37所示。

18 进入【滤镜】素材库中，选择【浮雕】滤镜，如图17-38所示。

图17-37 选择相应色块

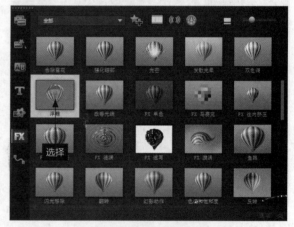

图17-38 选择【浮雕】滤镜

19 单击鼠标左键，并拖曳至标题轨中的字幕文件上方，添加【浮雕】滤镜，如图17-39所示。

20 在【属性】选项面板中，单击【自定义滤镜】按钮，如图17-40所示。

图17-39 添加【浮雕】滤镜

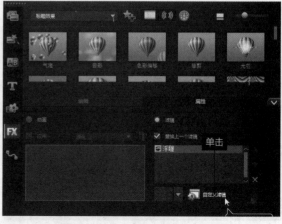

图17-40 单击【自定义滤镜】按钮

21 在【浮雕】对话框中，单击【光线方向】选项区中最底端的单选按钮，设置【深度】为5，如图17-41所示。

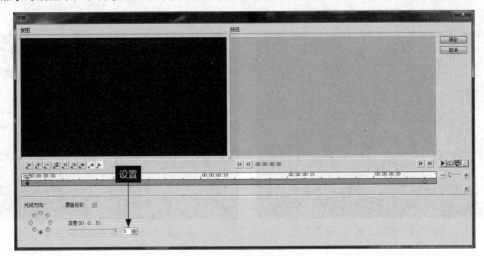

图17-41 设置【深度】为5

22 设置【覆叠色彩】为橘黄色（RGB三原色分别为216、130、0），如图17-42所示。

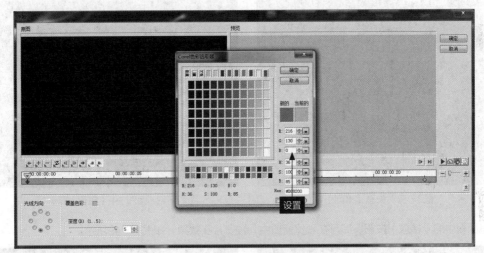

图17-42 设置【覆叠色彩】为橘黄色

23 进入【属性】选项面板中，选中【动画】单选按钮和【应用】复选框，如图17-43所示。

24 单击【应用】右侧的下三角按钮，在弹出的列表框中选择【淡化】选项，在其中，选择第1排第2个预设样式，如图17-44所示。

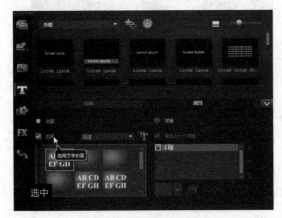

图17-43 选中相应复选框

图17-44 选择相应样式

25 在标题轨中选择添加的标题字幕，单击鼠标右键，在弹出的快捷菜单中选择【复制】选项，如图17-45所示。

26 执行操作后，将其粘贴至标题轨中的适当位置，如图17-46所示。

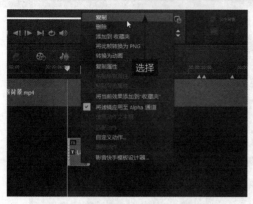

图17-45 选择【复制】选项

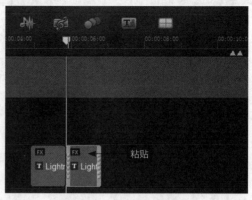

图17-46 粘贴至标题轨中

27 在【编辑】选项面板中，设置【区间】为0:00:03:19，如图17-47所示。

28 在【属性】选项面板中，取消选中【应用】复选框，即可完成第二段字幕文件的制作，如图17-48所示。

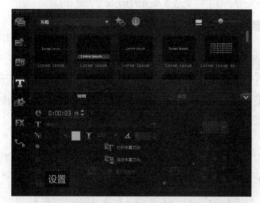

图17-47 设置【区间】

图17-48 取消选中【应用】复选框

29 单击导览面板中的【播放】按钮，即可在预览窗口中，预览片头效果，如图17-49所示。

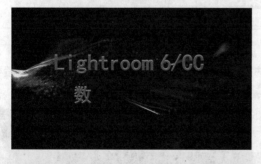

图17-49 预览片头画面效果

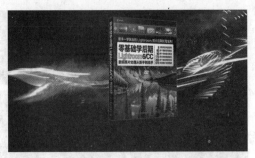

图17-49　预览片头画面效果（续）

17.2.4　制作覆叠素材画面效果

本实例效果如图17-50所示。

图17-50　制作覆叠素材画面效果

- 素　　材 | 无
- 效　　果 | 无
- 视　　频 | 视频\第17章\17.2.4　制作覆叠素材画面效果.mp4

▌操作步骤▐

01 在视频轨中，移动时间线至00:00:26:00的位置处，如图17-51所示。

02 在素材库中选择【2.jpg】图像素材，如图17-52所示。

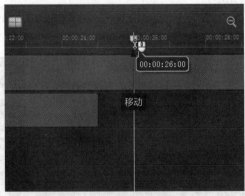

图17-51　移动时间线　　　　　　　图17-52　选择【2.jpg】图像素材

03 单击鼠标左键并将其拖曳至覆叠轨1中的时间线位置，如图17-53所示。

04 在【编辑】选项面板中，设置【区间】0:00:05:00，如图17-54所示。

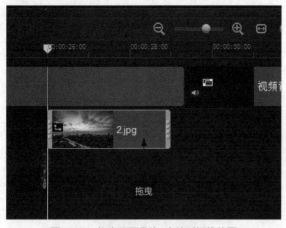

图17-53 拖曳至覆叠轨1中的时间线位置

图17-54 设置【区间】

05 进入【属性】选项面板，单击【遮罩和色度键】按钮，如图17-55所示。

06 在其中设置【边框】为2，【边框颜色】为白色，如图17-56所示。

图17-55 单击【遮罩和色度键】按钮

图17-56 设置相应参数

07 在预览窗口中，可以调整素材的大小和位置，如图17-57所示。

08 在【属性】选项面板中，选择【基本动作】单选按钮，单击【从左上方进入】按钮，为素材添加动作效果，如图17-58所示。

图17-57 调整素材的大小和位置

图17-58 单击【从左上方进入】按钮

09 移动时间线至0:00:32:02的位置处，如图17-59所示。

10 在素材库中选择【3.jpg】图像素材，如图17-60所示。

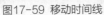

图17-59 移动时间线

图17-60 选择【3.jpg】图像素材

11 单击鼠标左键，并将其拖曳至覆叠轨中的时间线位置，如图17-61所示。

12 在预览窗口中调整两个素材的大小和位置，如图17-62所示。

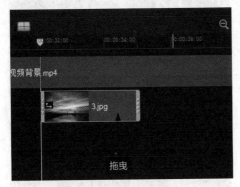

图17-61 拖曳至覆叠轨中

图17-62 调整两个素材的大小和位置

13 用与上述同样的方法在【覆叠轨1】中，继续添加三幅图像素材，并设置边框效果与动作效果，时间轴面板如图17-63所示。

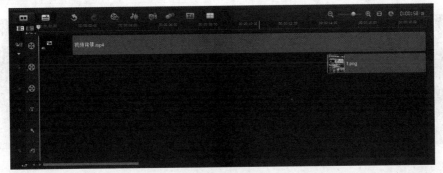

时间轴面板1

时间轴面板2

图17-63 时间轴面板

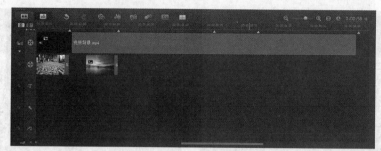

时间轴面板3

图17-63 时间轴面板（续）

14 单击导览面板中的【播放】按钮，即可在预览窗口中预览其他覆叠素材效果，如图17-64所示。

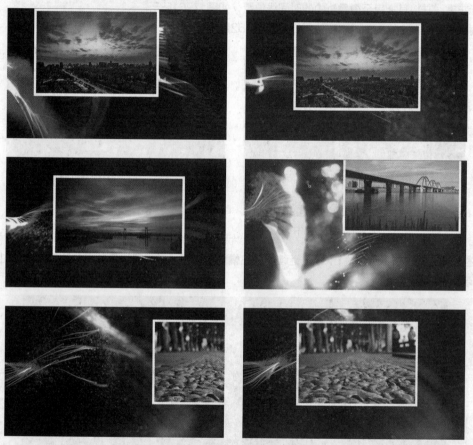

图17-64 预览其他覆叠素材效果

17.2.5 制作视频字幕效果

本实例效果如图17-65所示。

图17-65 制作视频字幕效果

- 素　　材 | 无
- 效　　果 | 无
- 视　　频 | 视频第17章\17.2.5 制作视频字幕效果.mp4

操作步骤

01 将时间线移至00:00:14:10的位置，如图17-66所示。

02 单击【标题】按钮，切换至【标题】选项卡，如图17-67所示。

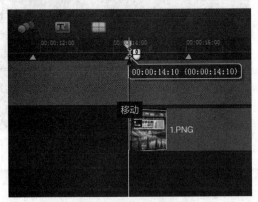

图17-66 移动时间线

图17-67 单击【标题】按钮

03 在预览窗口适当位置输入文字【全面讲解修饰和处理照片的方法】，如图17-68所示。

04 在预览窗口中调整字幕文件的大小和位置，如图17-69所示。

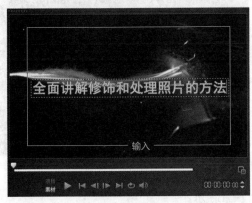

图17-68 输入文字

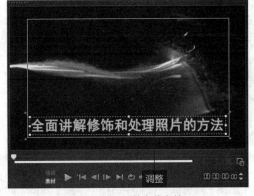

图17-69 调整字幕文件

05 单击【选项】按钮，打开【编辑】选项面板，如图17-70所示。

06 在其中设置【区间】为0:00:01:11，如图17-71所示。

图17-70 打开【编辑】选项面板

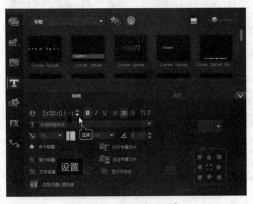

图17-71 设置【区间】

07 设置【字体】为黑体、【字体大小】为84，如图17-72所示。

08 切换至【属性】选项面板，在其中选中【动画】单选按钮和【应用】复选框，如图17-73所示。

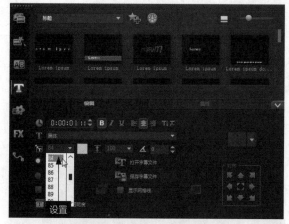

图17-72 设置【字体大小】

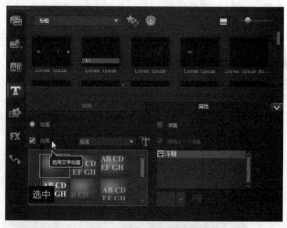

图17-73 设置【区间】

09 设置【选取动画类型】为淡化，如图17-74所示。

10 在下方选择第1排第2个预设样式，如图17-75所示。

图17-74 设置【字体大小】

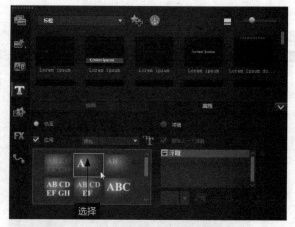

图17-75 设置【区间】

11 进入【滤镜】素材库，在其中选择【浮雕】滤镜，如图17-76所示。

12 单击鼠标左键并将其拖曳至标题轨中的字幕文件上方，如图17-77所示。

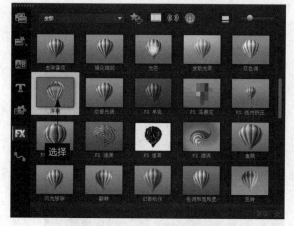

图17-76 选择【浮雕】滤镜

图17-77 拖曳至标题轨中的字幕文件上方

13 进入【滤镜】素材库，在其中选择【浮雕】滤镜，如图17-78所示。

14 单击鼠标左键并将其拖曳至标题轨中的字幕文件上方，释放鼠标左键为字幕文件添加滤镜效果，如图17-79所示。

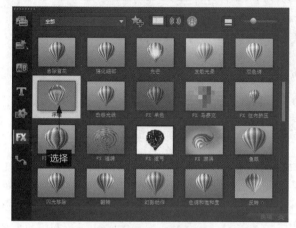

图17-78 选择【浮雕】滤镜

图17-79 添加滤镜效果

15 进入【属性】选项面板，在其中选择【浮雕】滤镜效果，如图17-80所示。

16 在其中单击【自定义滤镜】按钮，如图17-81所示。

图17-80 选择【浮雕】滤镜效果

图17-81 单击【自定义滤镜】按钮

17 执行操作后，即可弹出【浮雕】对话框，如图17-82所示。

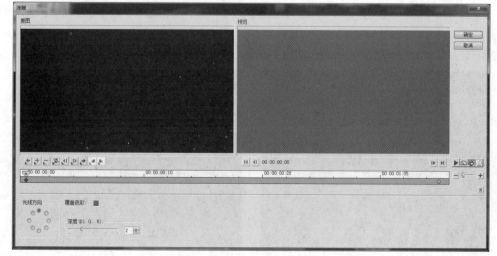

图17-82 弹出【浮雕】对话框

18 在【浮雕】对话框中，单击【光线方向】选项区中最底端的单选按钮，设置【深度】为5，如图17-83所示。

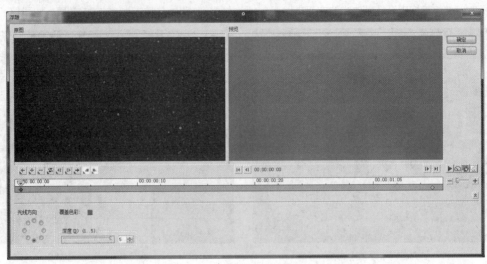

图17-83 设置【深度】为5

19 设置【覆叠色彩】为橘黄色（RGB三原色分别为216、130、0），如图17-84所示。

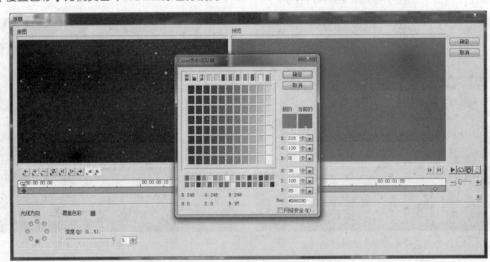

图17-84 设置【覆叠色彩】

20 执行操作后，单击【确定】按钮，即可完成滤镜属性的设置，在时间轴面板中选择标题轨中的标题字幕，如图 17-85所示。

21 单击鼠标右键，在弹出的快捷菜单中选择【复制】选项，如图17-86所示。

图17-85 选择标题字幕

图17-86 选择【复制】选项

22 执行操作后，将其粘贴至标题轨中的适当位置，如图17-87所示。

23 在【编辑】选项面板中，设置【区间】为0:00:04:07，如图17-88所示。

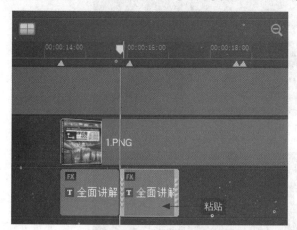

图17-87 将其粘贴至标题轨中的适当位置

图17-88 设置【区间】

24 在【属性】选项面板中，取消选中【应用】复选框，如图17-89所示。

25 执行操作后，即可完成第二段字幕文件的制作，时间轴面板如图17-90所示。

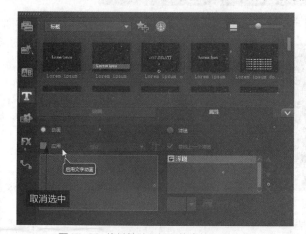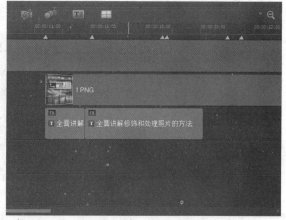

图17-89 将其粘贴至标题轨中的适当位置

图17-90 时间轴面板

26 用与上述同样的方法，继续在标题轨中添加标题字幕，并添加滤镜效果、动画效果等，即可完成字幕效果的添加制作，时间轴面板如图17-91所示。

时间轴面板1

图17-91 时间轴面板

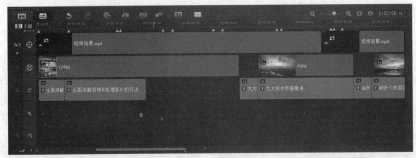

时间轴面板2

时间轴面板3

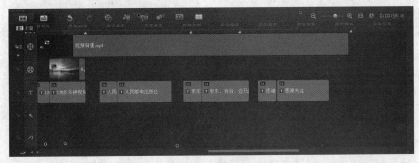

时间轴面板3

图17-91 时间轴面板（续）

27 单击导览面板中的【播放】按钮，即可在预览窗口中预览制作的视频画面效果，如图17-92所示。

图17-92 预览制作的视频画面效果

图17-92 预览制作的视频画面效果（续）

17.3 影片后期处理

通过影视后期处理，可以为影片添加各种音乐及特效，使影片更具珍藏价值。本节主要介绍影片的后期编辑与输出，包括制作视频的背景音乐特效和输出为视频文件的操作方法。

17.3.1 制作视频背景音乐

- 素　　材┃素材\第17章\背景音乐.mp3
- 效　　果┃无
- 视　　频┃视频\第17章\17.3.1　制作视频背景音乐.mp4

┃操作步骤┃

01 进入媒体素材库，在空白位置上单击鼠标右键，在弹出的快捷菜单中选择【插入媒体文件】选项，如图17-93所示。

02 执行操作后，弹出【浏览媒体文件】对话框，在其中选择需要添加的音乐素材，如图17-94所示。

图17-93 选择【到音乐轨】选项

图17-94 选择需要添加的音乐素材

03 单击【打开】按钮，即可将选择的音乐素材导入素材库中，如图17-95所示。

04 在时间轴面板中，将时间线移至视频轨中的开始位置，如图17-96所示。

图17-95 导入音乐素材

图17-96 将时间线移至视频轨中的开始位置

05 在【媒体】素材库中，选择【背景音乐.mp3】音频素材，单击鼠标左键并拖曳至音乐轨中的开始位置，为视频添加背景音乐，如图17-97所示。

06 在时间轴面板中，将时间线移至00:00:58:17的位置处，如图17-98所示。

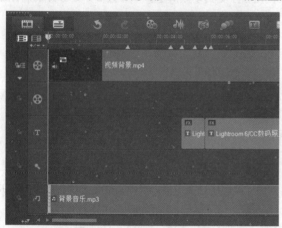

图17-97 为视频添加背景音乐

图17-98 移动时间线

07 选择音乐轨中的素材，单击鼠标右键，在弹出的快捷菜单中选择【分割素材】选项，如图17-99所示。

08 执行操作后，即可将音频素材分割为两段，如图17-100所示。

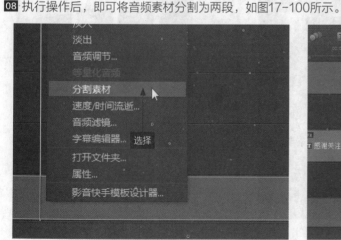

图17-99 选择【分割素材】选项

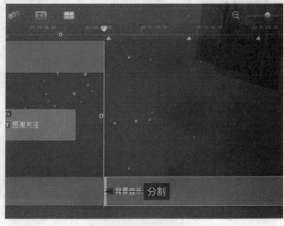

图17-100 移动时间线

09 选择分割的后段音频素材，按【Delete】键进行删除操作，留下剪辑后的音频素材，如图17-101所示。

10 在音乐轨中，选择剪辑后的音频素材，打开【音乐和声音】选项面板，如图17-102所示。

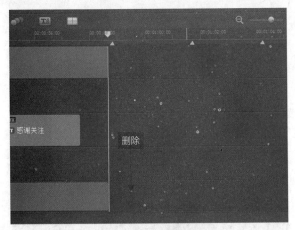

图17-101　删除不需要的片段

图17-102　打开【音乐和声音】选项面板

11 在其中单击【淡入】按钮 和【淡出】按钮 ，如图17-103所示。

12 选择视频轨中的背景视频素材，如图17-104所示。

图17-103　单击相应按钮

图17-104　选择视频轨中的背景视频素材

13 在【属性】选项面板中，单击【静音】按钮，如图17-105所示。

14 用与上同样的方法，为第二段背景视频添加静音效果，如图17-106所示，在导览面板中单击【播放】按钮，预览视频画面并聆听背景音乐的声音。

图17-105　单击【静音】按钮

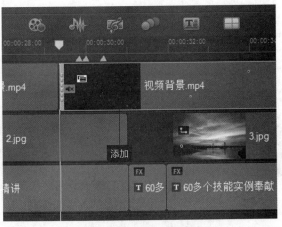

图17-106　添加静音效果

17.3.2 渲染输出影片文件

- 素　　材 | 无
- 效　　果 | 效果\第17章\制作电商视频《照片处理》.VSP
- 视　　频 | 视频\第17章\17.3.2 渲染输出影片文件.mp4

操作步骤

01 切换至【共享】步骤面板，在其中选择【MPEG-4】选项，如图17-107所示。

02 在下方弹出的面板中，单击【文件位置】右侧的【浏览】按钮，如图17-108所示。

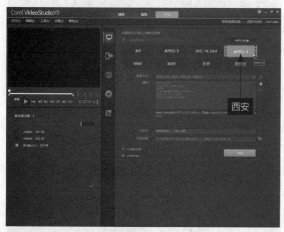

图17-107 选择【MPEG-4】选项

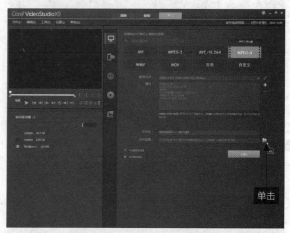

图17-108 单击【浏览】按钮

03 弹出【浏览】对话框，在其中设置文件的保存位置和名称，如图17-109所示。

04 单击【保存】按钮，返回会声会影【共享】步骤面板，单击【开始】按钮，开始渲染视频文件，并显示渲染进度，如图17-110所示。渲染完成后，即可完成影片文件的渲染输出。

图17-109 设置保存位置和名称

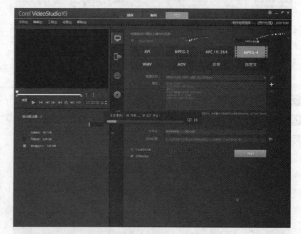

图17-110 显示渲染进度

> **提示**
>
> 在会声会影 X9 中，切换至【共享】步骤面板，单击【网站】按钮🌐，在弹出的面板中选择相应选项，即可对视频进行编辑和上传。

第 **18** 章

制作栏目包装
《新桥报道》

VideoStudio

在会声会影X9中，用户使用即时项目模版可以快速制作栏目包装，本章向读者介绍制作栏目包装《新桥报道》视频的操作方法，包括制作视频片头特效、制作视频剪辑特效等内容。

18.1 实例分析

在制作《新桥报道》视频效果之前，首先预览项目效果，并掌握项目技术提炼等内容，希望读者学完以后可以举一反三，制作出更多精彩漂亮的电视节目视频。

18.1.1 案例效果欣赏

本实例的最终视频效果如图18-1所示。

图18-1 案例效果欣赏

18.1.2 实例技术点睛

首先进入会声会影工作界面，新建一个工程文件；在【素材库】面板中导入专题视频素材文件，将素材分别添加至相应轨道中，对素材进行分割操作，重新合成视频画面；添加相应的字幕文件，制作快动作与慢动作效果，添加语音解说旁白，制作视频音效；输出视频文件等，即可完成制作新闻报道《新桥报道》视频的制作。

18.2 视频制作过程

本节主要介绍《新桥报道》视频文件的制作过程，包括导入新闻素材、制作视频片头特效和制作视频剪辑特效等内容。

18.2.1 导入新闻素材

本实例效果如图18-2所示。

图18-2　导入新闻素材

- ● 素　　材┃素材\第18章\1.jpg～19.jpg、1.mpg、2.mpg、声音旁白.mp3
- ● 效　　果┃无
- ● 视　　频┃视频\第18章\18.2.1 导入新闻素材.mp4

┃操作步骤┃

01 进入会声会影编辑器，在素材库中新建一个文件夹，如图18-3所示。

02 单击素材库上方的【显示视频】按钮，即可显示素材库中的视频素材，如图18-4所示。

 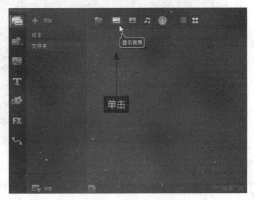

图18-3　新建一个文件夹　　　　　　　　　　图18-4　单击相应按钮

03 在菜单栏中，单击【文件】|【将媒体文件插入到素材库】|【插入视频】命令，如图18-5所示。

04 弹出【浏览视频】对话框，在其中选择所需的视频素材文件，如图18-6所示。

图18-5　单击相应命令　　　　　　　　　图18-6　选择所需的视频素材文件

05 单击【打开】按钮，即可将所选择的视频素材导入媒体素材库中，如图18-7所示。

06 单击素材库上方的【显示音频文件】按钮，如图18-8所示。

图18-7 选择视频素材　　　　　　　　　图18-8 单击相应按钮

07 在素材库空白处单击鼠标右键，在弹出的快捷菜单中选择【插入媒体文件】选项，如图18-9所示。

08 弹出【浏览媒体文件】对话框，在该对话框中选择所需插入的音频文件，如图18-10所示。

图18-9 选择【插入媒体文件】选项　　　　图18-10 选择所需插入的音频文件

09 单击【打开】按钮，将所选择的音频素材导入媒体素材库中，如图18-11所示。

图18-11 添加至媒体素材库

18.2.2 制作视频片头特效

- **素　　材** | 无
- **效　　果** | 无
- **视　　频** | 视频\第18章\18.2.2 制作视频片头特效.mp4

┃操作步骤┃

01 在素材库的左侧单击【即时项目】按钮，如图18-12所示。

02 打开【即时项目】素材库，显示库导航面板，在面板中选择【开始】选项，如图18-13所示。

图18-12 单击【即时项目】按钮

图18-13 选择【开始】选项

03 进入【开始】素材库，在该素材库中选择开始项目模版【IP-02】，如图18-14所示。

04 执行操作后，在项目模版上单击鼠标右键，在弹出的快捷菜单中选择【在开始处添加】选项，如图18-15所示。

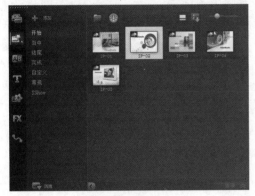

图18-14 选择开始项目模版【IP-02】

图18-15 选择【在开始处添加】选项

05 执行操作后，即可完成开始项目模版的添加，如图18-16所示。

06 在导览面板中，单击【播放】按钮，如图18-17所示。

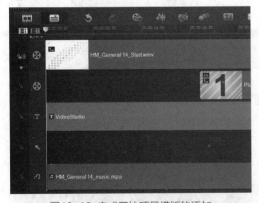

图18-16 完成开始项目模版的添加

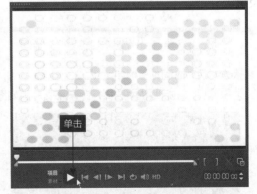

图18-17 单击【播放】按钮

07 执行操作后，即可在预览窗口中预览添加的开始项目模版，如图18-18所示。

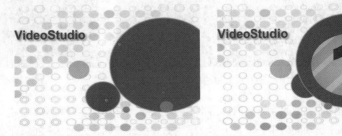

图18-18 预览开始项目模版效果

08 在覆叠轨中，选择相应的图片素材，如图18-19所示。

09 单击鼠标右键，在弹出的快捷菜单中，选择【替换素材】|【照片】选项，如图18-20所示。

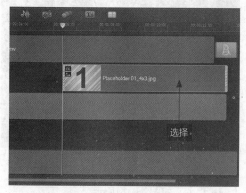

图18-19 选择相应的图片素材

图18-20 选择相应选项

10 执行上述操作后，弹出【替换/重新链接素材】对话框，如图18-21所示。

11 在其中选择需要替换的素材文件，单击【打开】按钮，即可完成覆叠素材的替换操作，如图18-22所示。

图18-21 弹出【替换/重新链接素材】对话框

图18-22 选择相应选项

12 完成替换素材后，时间轴面板如图18-23所示。

13 执行上述操作后，在标题轨中选择标题字幕文件，如图18-24所示。

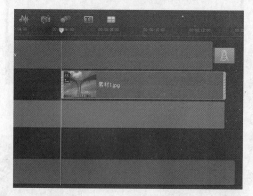

图18-23 完成素材的替换操作

图18-24 选择标题字幕文件

14 在预览窗口中，更改字幕的内容为【栏目包装】，并在文字之间添加空格，如图18-25所示。

15 在【编辑】选项面板中，设置【字体】为方正大黑简体，如图18-26所示。

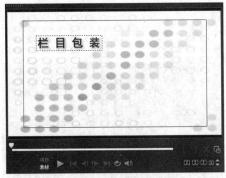

图18-25　更改字幕内容

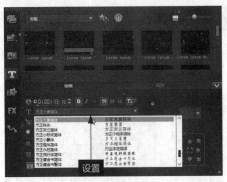

图18-26　设置【字体】

16 设置【字体大小】为94，单击【将方向更改为垂直】按钮，如图18-27所示。

17 在预览窗口中的右侧位置，执行双击操作，如图18-28所示。

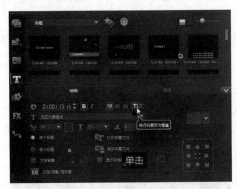

图18-27　单击【将方向更改为垂直】按钮

图18-28　执行双击操作

18 即可在预览窗口中添加一个字幕文件，在其中输入【新桥报道】，如图18-29所示。

19 进入【编辑】选项面板，设置【字体大小】为66，如图18-30所示。

图18-29　输入【新桥报道】

图18-30　设置【字体大小】

20 单击导览面板中的【播放】按钮，即可在预览窗口中预览制作的片头视频画面效果，如图18-31所示。

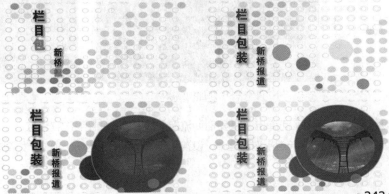

图18-31　预览视频画面效果

18.2.3 制作视频剪辑特效

本实例效果如图18-32所示。

图18-32 制作视频剪辑特效

- ● 素　　材丨无
- ● 效　　果丨无
- ● 视　　频丨视频\第18章\18.2.3 制作视频剪辑特效.mp4

┃ 操作步骤 ┃

01 将时间线移至00:00:14:00的位置处，如图18-33所示。

02 在素材库中选择【1.mpg】视频素材，如图18-34所示。

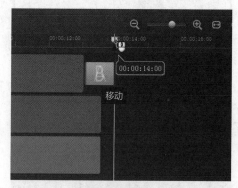

图18-33 移动时间线　　　　　　　　图18-34 选择【1.mpg】视频素材

03 单击鼠标左键，并将其拖曳至视频轨中时间线的位置处，即可添加视频素材，如图18-35所示。

04 选择【1.mpg】视频素材，在菜单栏中单击【编辑】|【速度/时间流逝】命令，如图18-36所示。

图18-35 添加视频素材　　　　　　　图18-36 单击相应命令

05 执行操作后，即可弹出【速度/时间流逝】对话框，如图18-37所示。

06 在【速度/时间流逝】对话框中，设置【新素材区间】为0:0:10:0，如图18-38所示。

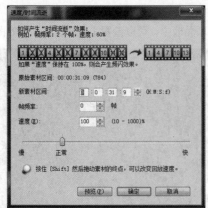

图18-37 弹出【速度/时间流逝】对话框　　　图18-38 设置【新素材区间】

07 设置完成后，单击【确定】按钮，在【视频】选项面板中即可查看【视频区间】，如图18-39所示。

08 在素材库中，选择【2.mpg】视频素材，如图18-40所示。

图18-39 查看【视频区间】　　　　　　图18-40 选择【2.mpg】

09 单击鼠标左键并将其拖曳至【1.mpg】视频素材的后方，如图18-41所示。

10 在时间轴面板中的视频轨中，选择【2.mpg】视频素材，如图18-42所示。

图18-41 拖曳视频素材　　　　　　　图18-42 选择【2.mpg】

11 单击鼠标右键，在弹出的快捷菜单中，选择【速度/时间流逝】选项，如图18-43所示。

12 执行操作后，即可弹出【速度/时间流逝】对话框，如图18-44所示。

图18-43 选择【速度/时间流逝】选项　　图18-44 弹出【速度/时间流逝】对话框

13 在【速度/时间流逝】对话框中，设置【新素材区间】为0:0:24:0，如图18-45所示。

14 执行操作后，即可更改素材为快放效果，在【视频】选项面板中，可以查看【视频区间】，如图18-46所示。

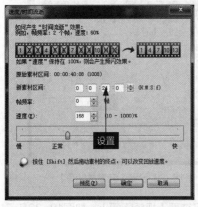

图18-45 设置【新素材区间】

图18-46 查看【视频区间】

15 单击【转场】按钮，如图18-47所示，即可进入转场素材库。

16 在其中选择【交叉淡化】转场效果，如图18-48所示。

图18-47 单击【转场】按钮

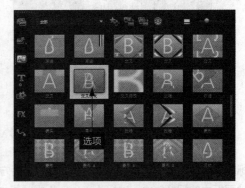

图18-48 选择【交叉淡化】转场效果

17 拖曳【交叉淡化】转场效果至【1.mpg】和【2.mpg】视频之间，即可完成转场效果的添加，如图18-49所示。

18 在导览面板中单击【播放】按钮，如图18-50所示。

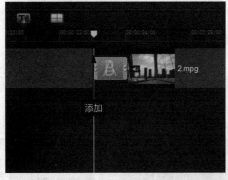

图18-49 添加转场效果

图18-50 选择【交叉淡化】转场效果

19 执行操作后，即可在预览窗口中，预览剪辑的视频画面，如图18-51所示。

图18-51　预览剪辑的视频画面

18.2.4　制作视频片尾特效

本实例效果如图18-52所示。

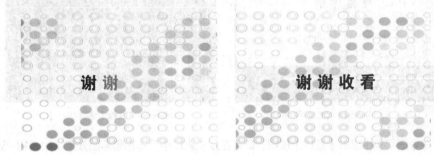

图18-52　制作视频片尾特效

- ● 素　　材┃无
- ● 效　　果┃无
- ● 视　　频┃视频\第18章\18.2.4　制作视频片尾特效.mp4

┃操作步骤┃

01 在时间轴面板中，将时间线移至00:00:47:00的位置处，如图18-53所示。

02 在即时项目素材库中，选择【结尾】选项，如图18-54所示。

 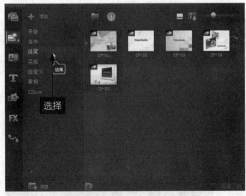

图18-53　移动时间线　　　　　　　　　　图18-54　选择【结尾】选项

03 在其中选择相应的结尾即时项目模版【IP-02】，如图18-55所示。

04 单击鼠标左键，并将其拖曳至视频轨中的时间线位置处，即可为视频添加相应的结尾模版，如图18-56所示。

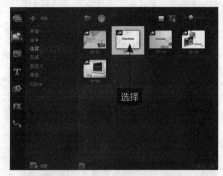

图18-55 选择即时项目模版　　　　　　　　　　图18-56 添加相应的结尾模版

05 在预览窗口中，更改字幕的内容为【谢谢收看】，并在文字之间添加空格，如图18-57所示。

06 设置【字体】为方正大黑简体、【字体大小】为94，如图18-58所示。

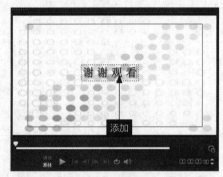

图18-57 添加文字　　　　　　　　　　　　　图18-58 设置【字体大小】

07 设置完成后，在导览面板中单击【播放】按钮，即可在预览窗口中预览视频画面效果，如图18-59所示。

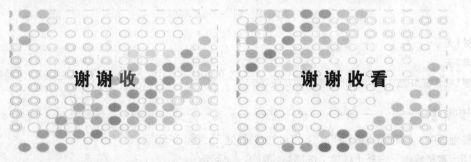

图18-59 预览片尾视频画面

18.2.5 制作移动字幕效果

本实例效果如图18-60所示。

图18-60 制作移动字幕效果

- 素　材 | 无
- 效　果 | 无
- 视　频 | 视频\第18章\18.2.5 制作移动字幕效果.mp4

操作步骤

01 将时间线移至00:00:14:00的位置，如图18-61所示。

02 单击【标题】按钮，切换至【标题】选项卡，如图18-62所示。

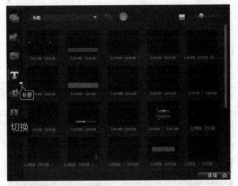

图18-61 移动时间线　　　　　　　　　　图18-62 切换至【标题】选项卡

03 在预览窗口中的适当位置输入文字【新桥报道】，如图18-63所示。

04 在【编辑】选项面板中，单击【保存字幕文件】按钮，如图18-64所示。

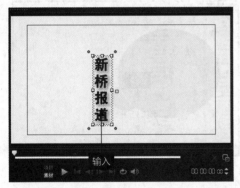

图18-63 输入文字　　　　　　　　　　　图18-64 单击【保存字幕文件】按钮

05 执行上述操作后，弹出【另存为】对话框，如图18-65所示。

06 输入文件名【新桥报道】，如图18-66所示。

图18-65 弹出【另存为】对话框　　　　　图18-66 输入文件名

07 设置【保存类型】为【.utf】，如图18-67所示。

08 执行操作后，单击【保存】按钮，即可完成字幕文件的保存，如图18-68所示。

图18-67 设置【保存类型】　　　　　　　图18-68 单击【保存】按钮

09 在相应文件夹中，选择字幕文件，如图18-69所示。

10 单击鼠标右键，在弹出的快捷菜单中选择【属性】选项，如图18-70所示。

图18-69 选择字幕文件　　　　　　　图18-70 选择【属性】选项

11 弹出相应属性对话框，单击【打开方式】右侧的【更改】按钮，如图18-71所示。

12 弹出【打开方式】对话框，如图18-72所示。

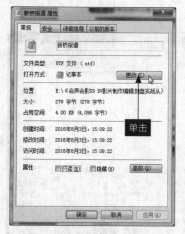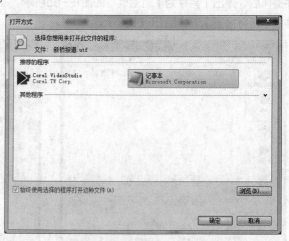

图18-71 单击【更改】按钮　　　　　　　图18-72 弹出【打开方式】对话框

13 在其中选择【记事本】选项，单击【确定】按钮，如图18-73所示。

14 在相应属性对话框中单击【确定】按钮，如图18-74所示。

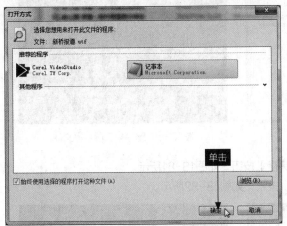

图18-73 单击【确定】按钮

图18-74 单击【确定】按钮

15 在文件夹中，打开字幕文件，如图18-75所示。

16 更改第2段字幕的后段时间码为00:00:47:000，如图18-76所示。

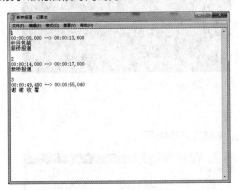

图18-75 打开字幕文件

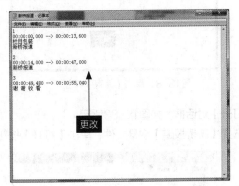

图18-76 更改时间码

17 执行操作后，打开素材文件夹中的字幕文件，如图18-77所示。

18 选择【字幕.txt】中的文字，单击鼠标右键，在弹出的快捷菜单中选择【复制】选项，如图18-78所示。

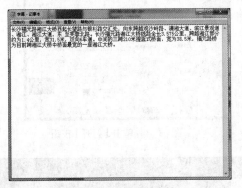

图18-77 打开字幕文件

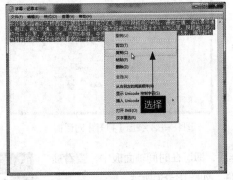

图18-78 选择【复制】选项

19 将复制的文字，粘贴在福元路大桥字幕文件，替换第2段中的【新桥报道】，如图18-79所示。

20 在标题轨中，删除第二段字幕文件，如图18-80所示。

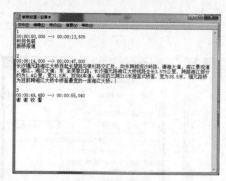

图18-79 替换字幕

图18-80 删除第二段字幕文件

21 执行上述操作后，关闭记事本文件，单击【保存】按钮，如图18-81所示。

22 在【编辑】选项面板，单击【打开字幕文件】按钮，如图18-82所示。

图18-81 单击【保存】按钮

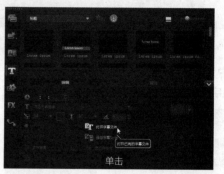

图18-82 单击【打开字幕文件】按钮

23 弹出【打开】对话框，如图18-83所示。

24 在其中选择【新桥报道】字幕文件，单击【打开】按钮，如图18-84所示。

图18-83 弹出【打开】对话框

图18-84 单击【打开】按钮

25 执行操作后，即可在时间轴面板中，查看插入的字幕文件，如图18-85所示。

时间轴面板1

图18-85 时间轴面板

时间轴面板2

时间轴面板3

图18-85　时间轴面板（续）

26 删除【标题轨2】中的多余字幕，然后选择中间的字幕文件，进入【属性】选项面板，如图18-86所示。

27 在其中选中【动画】单选按钮和【应用】复选框，如图18-87所示。

图18-86　进入【属性】选项面板

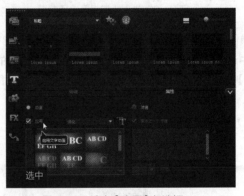

图18-87　选中【应用】复选框

28 设置【选取动画类型】为飞行，如图18-88所示。

29 执行操作后，单击【自定义动画属性】按钮，如图18-89所示。

图18-88　设置【选取动画类型】

图18-89　单击【自定义动画属性】按钮

30 弹出【飞行动画】对话框，如图18-90所示。

31 在其中单击【从右边进入】和【从左边离开】按钮，如图18-91所示。

图18-90 弹出【飞行动画】对话框　　　　　图18-91 单击相应按钮

32 设置完成后，单击【确定】按钮，进入【编辑】选项面板，如图18-92所示。

33 选中【文字背景】复选框，单击【自定义文字背景的属性】按钮，如图18-93所示。

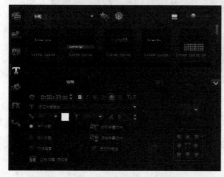
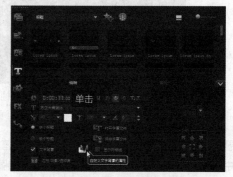

图18-92 进入【编辑】选项面板　　　　　图18-93 单击相应按钮

34 执行操作后，即可弹出【文字背景】对话框，如图18-94所示。

35 在其中选择【单色】单选按钮，单击【单色】右侧的色块，在其中选择第1排最后1个色彩色块，在下方设置【透明度】为40，设置完成后单击【确定】按钮，如图18-95所示。

图18-94 弹出【文字背景】对话框　　图18-95 单击【确定】按钮

36 单击导览面板中的【播放】按钮，即可在预览窗口中预览制作的字幕效果，如图18-96所示。

　　　　　　　　　　　　　　　　　　　　图18-96 预览制作的字母效果

18.3 影片后期处理

通过影视后期处理，可以为新闻报道添加配音效果，使制作的新闻报道内容更加丰富。本节主要介绍影片的后期编辑与输出，包括制作视频的配音效果以及输出为视频文件的操作方法。

18.3.1 制作视频配音效果

- 素　　材 | 无
- 效　　果 | 无
- 视　　频 | 视频\第18章\18.3.1 制作视频配音效果.mp4

▌操作步骤▐

01 将时间线移至00:00:14:00的位置处，如图18-97所示。

02 在素材库中，选择【声音旁白】音频素材，如图18-98所示。

图18-97 移动时间线

图18-98 选择【声音旁白】音频素材

03 单击鼠标左键，并将其拖曳至声音轨中的时间线位置，添加声音旁白，如图18-99所示。

04 在视频轨中，选择【1.mpg】视频素材，如图18-100所示。

图18-99 添加声音旁白

图18-100 选择【1.mpg】视频素材

05 单击鼠标右键，在弹出的快捷菜单中选择【静音】选项，如图18-101所示。

06 用与上同样的方法，为【2.mpg】视频素材添加静音效果，如图18-102所示。

图18-101 选择【静音】选项

图18-102 添加静音效果

07 选择【声音旁白】音频素材，进入【音乐和声音】
选项面板，单击【淡入】和【淡出】按钮，即可为音频
添加声音的淡入和淡出效果，完成配音效果的制作，如
图18-103所示。

图18-103 单击相应按钮

18.3.2 渲染输出影片文件

● 素　　材┃无
● 效　　果┃效果\第18章\制作栏目包装《新桥报道》.VSP
● 视　　频┃视频\第18章\18.3.2 渲染输出影片文件.mp4

┃操作步骤┃

01 切换至【共享】步骤面板，在其中选择【MPEG-4】选项，如图18-104所示。

02 在下方面板中，单击【文件位置】右侧的【浏览】按钮，如图18-105所示。

图18-104 选择【MPEG-4】选项

图18-105 单击【浏览】按钮

03 弹出【浏览】对话框，在其中设置文件的保存位置和名称，如图18-106所示。

04 单击【保存】按钮，返回会声会影【共享】步骤面板，单击【开始】按钮，开始渲染视频文件，并显示渲染进
度，如图18-107所示。渲染完成后，即可完成影片文件的渲染输出。

图18-106 设置保存位置和名称

图18-107 显示渲染进度

附 录 45个会声会影问题解答

APPENDIX

01. 打开会声会影项目文件时，为什么会提示找不到链接，但是素材文件还在，这是为什么呢？

答：这是因为会声会影项目文件路径方式都是绝对路径（只能记忆初始的文件路径），移动素材或者重命名文件，都会使项目文件丢失路径。只要用户不去移动素材或者重命名，是不会出现这个现象的。如果用户移动了素材或者进行了重命名，只需要找到源素材进行重新链接就可以了。

02. 在会声会影X9中，如何在【媒体】素材库中以列表的形式显示图标？

答：在会声会影X9的【媒体】素材库中，软件默认状态下以图标的形式显示各导入的素材文件，如果用户需要以列表的形式显示，此时只需单击界面上方的【列表视图】按钮，即可以列表显示素材。

03. 在会声会影的时间轴面板中，如何添加多个覆叠轨道？

答：只需在覆叠轨图标上单击鼠标右键，弹出快捷菜单，选择【轨道管理器】选项，在其中选择需要显示的轨道复选框，然后单击【确定】按钮即可。

04. 如何查看会声会影素材库中的文件在视频轨中是否已经使用了？

答：当用户将素材库中的素材拖曳至视频轨中进行应用后，此时素材库中相应素材的右上角将显示一个对勾符号，表示该素材已经被使用了，可以帮助用户很好地对素材进行管理。

05. 如何添加软件自带的多种图像、视频以及音频媒体素材？

答：在以前的会声会影版本中，软件自带的媒体文件都显示在软件中，而当用户安装好会声会影X9后，默认状态下，【媒体】素材库中是没有自带的图像或视频文件，此时用户需要启动安装文件中的Autorun.exe应用程序，打开相应面板，在其中单击【赠送内容】超链接，在弹出的列表框中选择【图像素材】、【音频素材】或【视频素材】后，即可进入相应文件夹，选择素材将其拖曳至媒体素材库中，即可添加软件自带的多种媒体素材。

06. 会声会影X9，是否适合Win10系统？

答：到目前为止，会声会影X9完美适配于Win10系统的版本，会声会影X9同时也完美兼容Win8、Win7等系统，而会声会影X8及会声会影X8的以下版本，则无法完美兼容于Win10系统。

07. 在会声会影X9中，系统默认的图像区间为3秒，这种默认设置能修改吗？

答：可以修改，只需要单击【文件】|【参数选择】命令，弹出【参数选择】对话框，在【编辑】选项卡的【默认照片/色彩区间】右侧的数值框中输入需要设置的数值，单击【确定】按钮，即可更改默认的参数。

08. 当用户在时间轴面板中，添加多个轨道和视频文件时，上方的轨道会隐藏下方添加的轨道，只有滚动控制条才能显示预览下方的轨道，此时如何在时间轴面板中显示全部轨道信息呢？

答：显示全部轨道信息的方法很简单，用户只需单击时间轴面板上方的【显示全部可视化轨道】按钮，即可显示全部轨道。

09. 在会声会影X9中，如何获取软件的更多信息或资源？

答：单击【转场】按钮，切换至【转场】素材库，单击面板上方的【获取更多信息】按钮，在弹出的面板中，用户可根据需要对相应素材进行下载操作。

10. 在会声会影X9中，如何在预览窗口中显示标题安全区域？

答：只有设置显示标题安全区域，才知道标题字幕是否出界，执行【设置】|【参数选择】命令，弹出【参数选择】对话框，在【预览窗口】选项区中选中【在预览窗口中显示标题安全区域】复选框，即可显示标题安全

区域。

11. 在会声会影X9中，为什么在AV连接摄像机时采用会声会影的DV转DVD向导模式时，无法扫描摄像机？

答：此模式只有在通过DV连接（1394）摄像机以及USB接口的情况下，才能使用。

12. 在会声会影X9中，为什么在DV中采集视频的时候是有声音的，而将视频采集到会声会影界面中后，没有DV视频的背景声音？

答：有可能是音频输入设置错误。在小喇叭按钮处单击鼠标右键，在弹出的列表框中选择【录音设备】选项，在弹出的【声音】对话框中，调整线路输入的音量，单击【确定】按钮后，即可完成声音设置。

13. 在会声会影X9中，怎样将修整后的视频保存为新的视频文件？

答：通过菜单栏中的【文件】|【保存修整后的视频】命令，保存修整后的视频，新生成的视频就会显示在素材库中。在制作片头、片尾时，需要的片段可以用这种方法逐段分别生成后再使用。把选定的视频素材文件拖曳至视频轨上，通过渲染，加工输出为新的视频文件。

14. 当用户采集视频时，为何提示【正在进行DV代码转换，按ESC停止】等信息？

答：这有可能是因为用户的计算机配置过低，比如硬盘转速低，或者CPU主频低或者内存太小等原因所造成的。还有，用户在捕获DV视频时，建议将杀毒软件和防火墙关闭，同时停止所有后台运行的程序，这样可以提高计算机的运行速度。

15. 在会声会影X9中，色度键的功能如何正确应用？

答：色度键的作用是指抠像技术，主要针对单色（白、蓝等）背景进行抠像操作。用户可以先将需要抠像的视频或图像素材拖曳至覆叠轨上，在选项面板中单击【遮罩和色度键】按扭，在弹出的面板中选中【覆叠选项】复选框，然后使用吸管工具在需要采集的单色背景上单击鼠标左键，采集颜色，即可进行抠像处理。

16. 在会声会影X9中，为什么刚装好的软件自动音乐功能不能用？

答：因为Quicktracks音乐必须要有QuickTime软件才能正常运行。所以，用户在安装会声会影软件时，最好先安装最新版本的QuickTime软件，这样安装好会声会影X9后，自动音乐功能就可以使用了！

17. 在会声会影X9中选择字幕颜色时，为什么选择的红色有偏色现象？

答：这是因为用户使用了色彩滤镜的原因，用户可以按【F6】，在弹出的【参数选择】对话框中，进入【编辑】选项卡，在其中取消选择【应用色彩滤镜】复选框，即可消除红色偏色的现象。

18. 在会声会影X9中，为什么无法把视频直接拖曳至多相机编辑器视频轨中？

答：在多相机编辑器中，用户不能直接将视频拖曳至多相机编辑器中，只能在需要添加视频的视频轨道上单击鼠标右键，在弹出的列表框中选择【导入源】选项，在弹出的对话框中选择需要导入的视频素材，单击【确定】按钮，即可将视频导入多相机编辑器视频轨中。

19. 会声会影如何将2个视频合成为一个视频？

答：将两个视频依次导入会声会影X9中的视频轨上，然后切换至【共享】步骤面板，渲染输出后，即可将2个视频合成为一个视频文件。

20. 摄像机和会声会影X9之间为什么有时会失去连接？

答：有些摄像机可能会因为长时间无操作而自动关闭。因此，常会发生摄像机和Corel会声会影之间失去连接的情况。出现这种情况后，用户只需要重新打开摄像机电源以建立连接即可。无需关闭与重新打开会声会影，因为该程序可以自动检测捕获设备。

21. 如何设置覆叠轨上素材的淡入淡出的时间？

答：首先选中覆叠轨中的素材，在选项面板中设置动画的淡入和淡出特效，然后调整导览面板中两个暂停区间的滑块位置，即可调整素材的淡入淡出时间。

22. 为什么会声会影无法精确定位时间码？

答：在某个时间码处捕获视频或定位磁带时，会声会影有时可能会无法精确定位时间码，甚至可能导致程序自行关闭。发生这种情况时，您可能需要关闭程序。或者，用户可以通过【时间码】手动输入需要采集的视频位置，进行精确定位。

23．在会声会影X9中，可以调整图像的色彩吗？

答：可以，用户只需选择需要调整的图像素材，在【照片】选项面板中，单击【色彩校正】按钮，在弹出的面板中可以自由更改图像的色彩画面。

24．在会声会影X9中，色度键中的吸管如何使用？

答：与Photoshop中的吸管工具使用方法相同，用户只需在【遮罩和色度键】选项面板中，选中吸管工具，然后在需要吸取的图像颜色位置单击鼠标左键，即可吸取图像颜色。

25：如何利用会声会影X9制作一边是图像一边是文字的放映效果？

答：首先拖曳一张图片素材到视频轨，播放的视频放在覆叠轨，调整大小和位置；在标题轨输入需要的文字，调整文字大小和位置，即可制作图文画面特效。

26．在会声会影X9中，为什么无法导入AVI文件？

答：可能是因为会声会影不完全支持所有的视频格式编码，所以出现了无法导入AVI文件的情况，此时要进行视频格式的转换操作，最好转换为mpg或mp4的视频格式。

27．在会声会影X9中，为什么无法导入RM文件？

答：因为会声会影X9并不支持RM RMVB的格式文件。

28．在会声会影X9中，为什么有时打不开MP3格式的音乐文件呢？

答：这有可能因为该文件的位速率较高，用户可以使用转换软件来降低音乐文件的速率，这样就可以顺利的将MP3音频文件导入会声会影中。

29．MLV文件如何导入会声会影中？

答：可以将MLV的扩展名改为MPEG，就可以导入会声会影中进行编辑了。另外，对于某些MPEG1编码的AVI，也是不能导入会声会影的，但是扩展名可以改成4MPG，就可以解决该类视频的导入问题了。

30．会声会影在导出视频时自动退出，这是什么情况？

答：出现此种情况，多数是和第3方解码或编码插件发生冲突造成的，建议用户先卸载第3方解码或编码插件后，再渲染生成视频文件。

31．能否使用会声会影X9刻录 Blu-ray 光盘？

答：在会声会影X9中，用户需要向Corel公司购买蓝光光盘刻录软件，才可以在会声会影中直接刻录蓝光光盘，该项功能需要用户额外付费才能使用。

32．会声会影X9新增的多点运动追踪可以用来做什么？

答：很多时候，在以前的会声会影版本中，只有单点运动追踪，新增的多点运动追踪可以用来制作人物面部马赛克等效果，该功能十分实用。

33．制作视频的过程中，如何让视频、歌词、背景音乐进行同步？

答：用户可以先从网上下载需要的音乐文件，下载后用播放软件进行播放，并关联lrc歌词到本地，然后通过转换软件将歌词转换为会声会影能识别的字幕文件，再插入会声会影中，即可使用。

34．当用户刻录光盘时，提示工作文件夹占用C盘，应该如何处理？

答：在【参数选择】对话框中，如果用户已经更改了工作文件夹的路径，在刻录光盘时用户仍然需要再重新将工作文件夹的路径设定为C盘以外的分区，否则还会提示占用C盘，影响系统和软件的运行速率。

35．VCD光盘能达到卡拉OK时原唱和无原唱切换吗？

答：在会声会影X9中，用户可以将歌曲文件分别放在音乐轨和声音轨中，然后将音乐轨中的声音全部调成左边100%、右边0%，声音轨中的声音则反之，然后进行渲染操作，最好生成MPEG格式的视频文件，这样可以在刻录时掌握码率，做出来的视频文件清晰度有所保证。

36. 会声会影X9用压缩方式刻录，会不会影响视频质量？

答：可能会影响视频质量，使用降低码流的方式可以增加时长，但这样做会降低视频的质量。如果对质量要求较高可以将视频分段，刻录成多张光盘。

37. 打开会声会影软件时，系统提示【无法初始化应用程序，屏幕的分辨率太低，无法播放视频】，这是什么原因呢？

答：在会声会影X9中，用户只能在大于1024*768的屏幕分辨率下才能运行。

38. 如何区分计算机系统是32位还是64位？以此来选择安装会声会影的版本。

答：在桌面的【计算机】图标上，单击鼠标右键，在弹出的快捷菜单中选择【属性】选项，在打开的【系统】窗口中，即可查看计算机的相关属性。如果用户的计算机是32位系统，则需要选择32位的会声会影X9进行安装。

39. 有些情况下，为什么素材之间的转场效果没有显示动画效果？

答：这是因为用户的计算机没有开启硬件加速功能，开启的方法很简单，只需要在桌面上单击鼠标右键，在弹出的快捷菜单中选择【属性】选项，弹出【显示属性】对话框，单击【设置】选项卡，然后单击【高级】按钮，弹出相应对话框，单击【疑难解答】选项卡，然后将【硬件加速】右侧的滑块拖曳至最右边即可。

40. 会声会影可以直接放入没编码的AVI视频文件进行视频编辑吗？

答：不可以的，有编码的才可以导入会声会影中，建议用户先安装相应的AVI格式播放软件或编码器，然后再使用。

41. 会声会影默认的色块颜色有限，能否自行修改需要的RGB颜色参数？

答：可以。用户可以在视频轨中添加一个色块素材，然后在【色彩】选项面板中单击【色彩选取器】色块，在弹出的列表框中选择【Corel色彩选取器】选项，在弹出的对话框中可以自行设置色块的RGB颜色参数。

42. 在会声会影X9中，可以制作出画面下雪的特效吗？

答：用户可以在素材上添加【雨点】滤镜，然后在【雨点】对话框中自定义滤镜的参数值，即可制作出画面下雪的特效。

43. 在会声会影X9中，视频画面太暗了，能否调整视频的亮度？

答：用户可以在素材上添加【亮度和对比度】滤镜，然后在【亮度和对比度】对话框中自定义滤镜的参数值，即可调整视频画面的亮度和对比度。

44. 在会声会影X9中，即时项目模版太少了，可否从网上下载然后导入使用？

答：用户可以从会声会影官方网站上下载需要的即时项目模版，然后在【即时项目】界面中通过【导入一个项目模版】按钮，将下载的模版导入会声会影界面中，然后再拖曳到视频轨中使用。

45. 如何马赛克视频中的Logo标志？

答：用户可以通过会声会影X9中的【运动追踪】功能，打开该界面，单击【设置多点跟踪器】按钮，然后设置需要使用马赛克的视频Logo标志，单击【运动跟踪】按钮，即可对视频中的Logo标志进行马赛克处理。